Thomas Spielhofer

Intelligenter Scheitern

20 verführerische Fallen auf dem Weg zum agilen Unternehmen

Handelsblatt
FACHMEDIEN

IMPRESSUM

Intelligenter Scheitern
20 verführerische Fallen auf dem Weg
zum agilen Unternehmen
Thomas Spielhofer

Handelsblatt Fachmedien GmbH
Toulouser Allee 27
40211 Düsseldorf
Tel.: 0800/000-1637, Fax: 0800/000-2959
Internet: www.fachmedien.de
E-Mail: hbfm-kundenservice@de.rhenus.com

ISBN: 978-3-947711-31-4 (gedruckte Ausgabe)
978-3-947711-32-1 (eBook)
978-3-947711-33-8 (Bundle aus gedruckter Ausgabe und eBook)

Layout und Satz: VOIGT.GRAFIK Düsseldorf, www.voigtgrafik.de
Copyright Fotos/Icons: iStockphoto/AdobeStock/VOIGT.GRAFIK
Druck: Beltz Grafische Betriebe GmbH, Am Fliegerhorst 8, 99947 Bad Langensalza

www.fachmedien.de, info@fachmedien.de
Printed in Germany
April 2020
Die Deutsche Nationalbibliothek verzeichnet diese Publikation in der Deutschen National-bibliografie; detaillierte bibliografische Daten sind im Internet über www.d-nb.de abrufbar.

Danke

Herzlichen Dank an alle,
die zur Entstehung dieses Buches wesentlich beigetragen haben:

Karin Duwendag, Lorenz Glatz, Gabor Görs, Gregor Habinger, Jürgen „Mentos" Hoffmann, Margot Emilie Hohagen, Martin Kahr, Alexandra Klein, Norbert Klein, Julia Kleine, Peter Krummenacher, Hubert Lackner, Tatjana Ruthardt, Natalie Schnell, Christian Voigt, Thomas Wiemker

Besonderen Dank auch an meine Lehrer, insbesondere an:

Fritz B. Simon für den Humor
Matthias Varga von Kibéd für die Reflexion
Ajahn Brahm für das Mitgefühl

Wege durch die Fallen agiler Transformation

Inhalt

Wege durch die Fallen agiler Transformation 5

Inhaltsverzeichnis 7

Einleitung 8

Teil 1 - Führung 12

Sei nicht so hierarchisch! 13

Die zwei Seiten des mittleren Managements 20

Das schaurig-schöne Leben in der Vorstandsinformationsblase. 24

Teil 2 - Mindset 36

It's the mindset, stupid! 37

Die Ambiguität - dein ärgster Freund 47

Teil 3 – Teams 50

Finde die beste agile Methode für deine Teams. 51

Die Weisheit der Gruppe 58

Teil 4 – Die agile Organisation 66

Die beste Strategiediskussion ist eine, die man vermeidet. 67

Viele gute Teams ergeben eine gute Organisation 76

Die beste agile Organisationsform finden. 81

Ausblick 100

Ein kurzes agiles Glossar 106

Literatur 110

Einleitung

Ever tried. Ever failed. No matter.
Try Again. Fail again. Fail better.

Samuel Beckett

Die Motivation dieses Buch zu schreiben, liegt darin, dass es schon viele Bücher gibt, die den Weg zum agilen Glück beschreiben: Hinweise, wie man ein agiles Team entwickelt oder gleich eine ganze agile Organisation. Es scheint daher höchste Zeit für ein Buch, das zeigt, wie man sich als Konzern voller guter Vorsätze und mit wenig Aufwand gründlich ins organisatorische Unglück stürzen kann.

Und es gibt viele Verlockungen in die agile Schatzkiste zu greifen: Sie birgt aufregende neue Formen der Zusammenarbeit ebenso wie trockene betriebswirtschaftliche Vorteile. Es gibt gute Gründe Agilität als die nächste Entwicklungsstufe von Organisationen zu sehen, oder sie als wirksames Rezept für ganz praktische Probleme zu betrachten. Offensichtliche Effekte sind eine größere Nähe zum Kunden und schnellere Lieferfähigkeit. Studien zeigen aber auch, dass sich über agiles Arbeiten die Kommunikation verbessern lässt - die Folgen sind mehr Klarheit und weniger Missverständnisse (Kaltenecker, 2011). Sogar die Produktivität kann sich deutlich steigern, wie neben vielen praktischen Beispielen auch eine Studie über eine Reihe von IT-Unternehmen zeigt (Rico, 2009). Was man allerdings dazu sagen sollte: Im Schnitt steigt die Produktivität, aber die Varianz dieses Effektes ist enorm - manche Unternehmen steigern ihre Produktivität deutlich, in manchen wird sie sogar geringer.

Und das passiert nicht nur unerfahrenen Führungskräften, wie die Erfahrung lehrt: Im Zuge agiler Transformationen stolpert man über eine ganze Menge Paradoxien. Damit ergibt sich eine Vielzahl an Fallen für alle jene, die einen klaren Weg zu einer neuen, agilen Organisation finden wollen. Denn dieser Weg ist per se ebenso unklar wie das Ergebnis am Ende der Straße - das zumindest ist eine der Grundannahmen der Agilität für komplexe Vorhaben (und Organisationen kann man getrost als komplexe soziale Systeme einstufen). Zugleich läuft dieser Grundsatz unserer Natur zuwider - der homo sapiens ist ein wunderbarer Komplexitätsreduzierer. Viele (westliche) Ausbildungen verstärken diese natürliche Abneigung gegen das Uneinschätzbare, indem sie unsere Fähigkeit weiterentwickeln, kausale Zusammenhänge zu analysieren und darauf basierend Pläne zu schmieden. Genau diese Fähigkeit führt uns bei (agilen) Transformationen mitunter kräftig in die Irre: Hier geht es eher darum komplexe Veränderungsprozesse nicht zu verstehen und sie trotzdem zu gestalten - etwas, das uns weder aus unserer Natur noch aus unserer Bildung sonderlich vertraut ist.

In diesem Buch sind einige der effektivsten Wege zum Scheitern skizziert, denen ich in meiner 19-jährigen Erfahrung mit agilen Veränderungsprozessen wiederkehrend begegnet bin. Es schildert (anonymisierte) Geschichten aus dem agilen Alltag, die sich in dieser oder ähnlicher Form tagtäglich zutragen. Diese Misserfolgsmuster werden aus der Perspektive der Führungskraft oder anderer Beteiligter erzählt und mit der Brille des agilen Coaches und dem Panoramablick des systemischen Organisationsberaters reflektiert.

Ich möchte Führungskräfte und BeraterInnen einladen, mit mir in die verschiedenen Fallen zu stolpern, die agile Transformationen großer Unternehmen mit sich führen - um in der Folge vielleicht künftig bei der einen oder anderen Falle intelligenter zu scheitern. Ich will anregen, die Vorstellung zu dekonstruieren, dass man eine agile Transformation „richtig" machen könne.

Führung

Teil 1

Sei nicht so hierarchisch!

Ein Vorstand hat seine BereichsleiterInnen zu einer Klausur eingeladen, um die Zusammenarbeit im Führungsteam neu zu gestalten - schließlich ist die Firma dabei agil zu werden, und da soll das Management nicht hintanstehen, die eigene Arbeitsweise zu überdenken. Die ManagerInnen füllen munter einige Stunden lang Kärtchen aus, sortieren diese am Boden, kleben sie an Pinnwände und beginnen sich langsam so richtig agil zu fühlen. Doch nach einer Weile kommt eine gewisse Leere in die Diskussion. Erste TeilnehmerInnen beginnen sich zu fragen, was sie denn jetzt eigentlich mit den vielen Ideen auf den Pinnwänden machen sollen. Es beginnt die gefühlt erste ernsthafte Diskussion des Tages, die nach einigem Mäandern an der Frage hängenbleibt, wie man diese Ideen eigentlich an die MitarbeiterInnen weitergeben könne. Keine einfache Frage, denn schließlich sind die ja jetzt selbstorganisiert, und nicht mehr einfach nur BefehlsempfängerInnen ihrer Chefs. Die Diskussion wogt einige Zeit hin und her, bis sich ein Momentum in Richtung „den Mitarbeitern die Ideen gut erklären und sie dann mit der Umsetzung beauftragen" bildet - nur, um gleich wieder ein abruptes Ende zu finden: Der Vorstand, dessen Körpersprache beim Zuhören immer größere Ungeduld verrät, gibt lautstark von sich: „So geht das nicht, seid doch nicht so hierarchisch!"

Dieses Beispiel zeigt schön eines der inhärenten Spannungsfelder agiler Veränderungen: Ein Prinzip des agilen Manifests (Agiles Manifest, 2001) besagt (sinngemäß), dass die besten Ergebnisse von sich selbst organisierenden Teams kommen. Aber wie kommt man von einer hierarchischen Organisation dorthin? Wie werden Teams selbstorganisierter? Klassisches Top-down-Anschaffen von Selbstorganisation nach dem Motto „Seid nicht so hierarchisch!" ist eine Doppelbotschaft, die wohl schwer funktionieren kann. Es ist nicht so recht glaubwürdig Hierarchiefreiheit auf hierarchische Weise anzuschaffen. Warum aber machen Führungskräfte es dann?

Eine gute Möglichkeit, sich als Führungskraft auf diese Weise das Leben schwer zu machen, kann mit einer Verwechslung beginnen: Selbstorganisation („self-organization") ist nicht gleich Selbstführung („self-direction"). Wenn man sich auf die agile Welt einlässt, wird man feststellen, dass es verschiedene Stufen der Autonomie gibt. Stufen, die man auch als Entwicklungsschritte der Organisation verstehen kann. In einer ersten Entwicklungsstufe stellen agile Ansätze Teams in den Mittelpunkt und geben ihnen viel Raum zu entscheiden, wie sie arbeiten. Was gearbeitet wird, wird immer noch von außen vorgegeben. Auf welche Rollen sich die Arbeit verteilt, sagt einem aber keiner so genau: Agile Modelle, die sich für eine ganze Organisation skalieren lassen, z.B. Large-Scale Scrum (Larman, 2016) oder das Scaled Agile Framework (Mathis, 2016), liefern nur einen Teil der Antwort: Sie definieren zwar einige Rollen, lassen dabei aber jede Menge Interpretationsspielraum und beantworten manche Fragen gar nicht. Kanban klammert die Frage nach Rollen aus (Anderson, 2010) und bleibt damit einerseits universell einsetzbar, andererseits aber unkonkret hinsichtlich zentraler Fragen der Organisation, beispielsweise wie Entscheidungen getroffen werden.[1]

Es bleibt also Aufgabe der Führung einer agilen Transformation, manche Rollen, einschließlich ihrer eigenen, neu zu klären und damit Macht neu zu verteilen. Aber wollen Führungskräfte das?

Ein Geschäftsbereich eines Konzerns, der nah am Kunden arbeitet, will zur Speerspitze des Konzerns in Sachen Agilität werden. Der Bereichsleiter stürmt voran, indem er Produktteams aus der Taufe hebt und mit seinen Führungskräften die „Mission Statements" kreiert. Die Resonanz der MitarbeiterInnen ist vielfältig, darunter Begeisterung für das Neue, aber auch Skepsis, wie dieser neue Ansatz mit den realen Arbeitsaufgaben in Einklang gebracht werden kann. Was es kaum gibt, ist grundsätzlicher Widerstand gegen agiles Arbeiten. Alles in allem also denkbar günstige Voraussetzungen, meinen die Führungskräfte und ihre BeraterInnen. Flugs sind Product OwnerInnen installiert, die Teams starten mit Scrum und erste Ergebnisse entstehen. Die Führungskräfte sind dabei in allen wesentlichen Fragen involviert. Über die Zeit werden viele MitarbeiterInnen, allen voran die Product OwnerInnen und Scrum MasterInnen, zunehmend unzufriedener. Sie artikulieren eine gewisse Spannung, ohne festmachen zu können, woher genau diese kommt. Der Prozess geht weiter, die Teams verlieren aber zunehmend ihren Anfangsschwung und artikulieren das Gefühl „irgendwie ihre PS nicht auf die Straße bringen zu können". Das Gefühl bleibt jedoch vage, und so werden in den Teamretrospektiven keine Maßnahmen daraus abgeleitet. Als die Teams sehr viel später, nach etlichen Misserfolgen und dem Abgang einiger KeyplayerInnen, auf das Thema schauen, wird ihnen klar, was passiert ist: Die Product Owner, formal verantwortlich dafür, aus welchen Features ihr Produkt besteht (und

1 Mehr zu diesen Modellen findet sich auf Seite 76, sowie im agilen Glossar auf Seite 106.

wichtiger noch: welche Features nicht umgesetzt werden) haben die ganze Zeit keine einzige wesentliche Entscheidung selbst getroffen, beispielsweise bezüglich der inneren Organisation der Teams. Niemand wagte eine wesentliche Entscheidung zu treffen, weil man sich nie sicher war, ob sie wirklich gilt, bevor das Thema mit den Führungskräften abgestimmt ist.

In diesem Beispiel existieren die alten Entscheidungsstrukturen, die auf die persönliche Involvierung der Führungskräfte setzen, einfach weiter. Gleichzeitig sind die MitarbeiterInnen neuerdings offiziell dafür verantwortlich, in schneller Taktung Ergebnisse zu liefern. Das setzt voraus, die dafür notwendigen Entscheidungen zeitnah treffen zu können. Die Führungskräfte sind aber gar nicht in dem Maße verfügbar, wie es diese (gesteigerte) Entscheidungsrate erfordern würde. Der Ball liegt bei den Product OwnerInnen und Teams, nur haben sie keinen Schläger, um ihn auch zu spielen. Eine innere Spannung, die kaum greifbar und zugleich für manche Beteiligte so furchtbar ist, dass sie ihr Heil in der Flucht suchen.

Selbst wenn man die quälende Dissonanz aus nüchterner Distanz betrachtet, so wird schnell klar, wie schädlich diese Pseudo-Ermächtigung für MitarbeiterInnen und Organisation ist. Die MitarbeiterInnen sind offiziell befugt, de facto wissen aber alle, dass der Chef im Falle des Falles das Sagen hat. Wie sollte es auch anders funktionieren, man kennt ja nichts anderes. Das belässt die MitarbeiterInnen in einem Dilemma: Es entsteht das Gefühl, man könne den Anforderungen nicht genügen, egal was man tut, weil man nicht wirklich die Möglichkeit dazu hat. Ein Mitarbeiter kann die Widersprüchlichkeit zwischen offizieller Freiheit und inoffizieller Abhängigkeit nicht auflösen - ein klassischer Double Bind.[2] Gut, wenn die MitarbeiterInnen gehen, bevor sie das krank macht.

Warum tun intelligente und erfolgreiche Führungskräfte sich selbst und ihren MitarbeiterInnen das an? Warum geht man den bequemen Weg der Nichtentscheidung? Wozu vermeidet man die Klärung, das Neuverhandeln von Verantwortung zwischen MitarbeiterInnen und Führungskräften?

Von der (Ver)führung

Vielleicht lohnt es sich, an dieser Stelle innezuhalten und sich vorzustellen, was dieses Neusortieren von Macht bedeutet. Es erfordert gerade im mittleren Management ein Loslassen von Verantwortung und Status. Da wird die Entschei-

---

2 Mit einem Double Bind hat man es zu tun, wenn jemand auf verschiedenen Ebenen der Kommunikation widersprüchliche Botschaften sendet. Das stellt die EmpfängerInnen vor ein Dilemma. Wenn ein Teil der Kommunikation unterschwellig abläuft, ist dieses Dilemma jedoch nicht sichtbar, und man merkt nur, dass man nicht handlungsfähig ist, ohne genau zu wissen warum. Die Double-Bind-Theorie wurde von Gregory Bateson entwickelt (Bateson, 1972).

dung, diese Frage auszublenden oder auf die lange Bank zu schieben, vielleicht schon nachvollziehbarer. Damit muss die Führungskraft keinen Entscheidungsspielraum hergeben, sie bleibt wichtig, mitten im Geschehen. Und schafft zugleich eine Verunmöglichung des Handelns der MitarbeiterInnen. Es entsteht eine Kluft zwischen dem bekundeten und dem tatsächlich gelebten Verhalten.

Wie auch immer die Machtverteilung aussehen mag, eine Möglichkeit wäre, die Veränderung durch den Vorstand zu treiben. Weil nur dieser die Macht hat, das mittlere Management zu entmachten und damit den MitarbeiterInnen mehr Handlungsspielraum zu ermöglichen. Aber geht es bei agilen Transformationen nur um Rollenprofile und die Verteilung von Macht?

Man kann Hierarchie auch als eine Institutionalisierung der (Selbst-)Entmächtigung sehen: Mitarbeiter reproduzieren die erlebte Eltern-Kind-Beziehung, indem sie nicht auf Augenhöhe mit den Führungskräften agieren (können). Für Brian J. Robertson ist das eines der Argumente für die von ihm erfundene Organisationsform Holacracy, die ohne pyramidenförmige Hierarchien auskommt: „Even with the best of intentions and great leaders, a top-down authority system leads almost inevitably to a parent-child dynamic between the boss and the employee (...) the result is that workers feel disempowered and victimized." (Robertson, 2015).

Hierarchie schafft also eine starke soziale Festigung über die Sozialisierung ihrer MitspielerInnen. Es entsteht eine über Jahre gewachsene Beziehungskonstruktion zwischen Untergebenen und ihren Chefs, die sich von Änderungen im Organigramm, Stellenbeschreibungen oder strahlenden neuen Unternehmenswerten wenig beeindrucken lässt.

Wenn man diesen Gedankengang weiterspinnen will, dann kann man die Kultur der Zusammenarbeit in Unternehmen als etwas Gewachsenes verstehen, das sich nicht so einfach über Nacht verändern lässt. Kein gutes Feld, um Quick Wins zu ernten – diese aber brauchen Führungskräfte in vielen Organisationen, um auch Führungskräfte zu bleiben. Dadurch entsteht ein Veränderungsparadoxon (Spielhofer, 2014). Führungskräfte lösen es zum Beispiel, indem sie versuchen, die berühmt-berüchtigten „niedrighängenden Früchte" zu ernten, also schnelle Erfolge einzufahren. Aber was, wenn diese gepflückt sind und die Organisation immer noch nicht agil ist?

Eine neue Form der Führung

An dieser Stelle mag die Frage auftauchen: Wie führt man denn generell in agilen Organisationen? Möglicherweise erfordert ein deutlich höherer Grad an Selbstorganisation auch eine deutlich andere Führung auf allen Ebenen: wie man Strategien entwickelt, wie neue Geschäftsideen entstehen, wie Veränderungsprojekte umgesetzt werden, ebenso wie das Führen des laufenden Geschäftes. Wem diese Frage unheimlich erscheint, für den/die ist das ein guter Zeitpunkt dieses Buch wegzuschließen. Und am besten für immer dem Zauber der Agilität abzuschwören.

Für Unerschütterliche finden sich in den folgenden Kapiteln verschiedene Blickwinkel, eine agile Transformation zum Anlass zu nehmen, um Führung neu zu denken. Ein guter Startpunkt kann dabei sein, sich die eigene Unternehmenssituation vor Augen zu führen und sich zu fragen: Wie entscheiden wir heute – formell wie auch informell? Diesen Wesenszug (die sogenannten Entscheidungsprämissen) kann man salopp als einen Teil der DNA einer Organisation verstehen. Es lohnt sich wertzuschätzen, wie einen die bisherige Art zu entscheiden erfolgreich gemacht hat. Daran lässt sich dann die Frage anschließen: Was müssen wir ändern, wenn wir agiler werden wollen? Was wären Entscheidungsformen, die die kollektive Intelligenz und Kreativität der Belegschaft stärker nutzen? Wo machen sie Sinn, wo nicht?

An dieser Stelle kann es hilfreich sein, sich vor Augen zu halten, dass die agile Welt nicht nur ein Maß an Autonomie zulässt, sondern einen Blumenstrauß an Möglichkeiten bereithält, wie man Führung neu organisieren kann: So lassen sich z.B. mithilfe von Scrum verschiedene Formen der kollektiven Führung zwischen ProductownerInnen, Teams und Linienführungskräften ausgestalten. Der Umstand, dass agile Methoden viele Führungsfragen unbeantwortet lassen, bietet Unternehmen die Chance dies selbst zu tun.

Was macht dabei den Unterschied? Ein wesentlicher Unterschied, das legen die Beispiele nahe, liegt in dem Maß, indem die ausgesprochenen und die tatsächlich gelebten Entscheidungsstrukturen zusammenpassen. Also wie sehr die Führung ein „walk the talk" lebt.

Unsere guten alten Muster

Eine andere wesentliche Handlungsmöglichkeit wird in den kommenden Kapiteln immer wieder auftauchen: Es geht darum, manche antrainierten sozialen Muster der Hierarchie zu durchbrechen, um in einen neuen Modus der Führung zu kommen. Und zwar tatsächlich, nicht nur auf dem Papier. Der Weg dazu wird in jedem Unternehmen anders aussehen. Das ist zweifellos eine komplexe Frage - eine Frage also, in der man in bester agiler Manier mit immer neuen Antworten scheitern wird, um neue zu probieren und besser zu scheitern.

Mittlerweile gibt es viele gute Ansätze – z.B. spielerische Methoden, mit denen man an testen kann, wie Führung in Zukunft gemeinsam passieren könnte. Bei auf kurzfristige Erfolge gepolten Managern bleibt das mitunter eine geradezu furchterregende Perspektive: ein unsicherer Weg zu einem sicheren Machtverlust? Wie viel schöner ist es doch, auf diejenigen Stimmen zu hören, die einem klar vorgezeichnete Wege mit kalkulierbarem Risiko versprechen! Sauber definierte Rollenprofile samt organisatorischem Rollout mit minutiösem Zeitplan! Was liegt doch für eine verführerische Kraft darin, auf diese Weise die Komplexität der Veränderung zu negieren. Diese Falle wird im Laufe einer agilen Reise immer wieder lauern.

Verführerische Fallen, wenn man Entscheidungen agiler treffen will:

- Als Führungskraft mehr Autonomie zuzulassen, hat einen Preis: selbst Macht und Einfluss abgeben zu müssen.
- Macht hält viele Verführungen bereit. Wer sie nur pro forma abgibt, riskiert damit einen Double Bind: eine Dissonanz zwischen bekundeter und tatsächlicher Gestaltungsfreiheit. Mit potenziell schädlichen Folgen.
- Eine verführerische Falle wäre es auch, agile Führung nur als Veränderung von Macht und Einfluss zu verstehen. Jede Form von Führung ist Teil einer Sozialisierung aller Beteiligten. Diese gut einstudierten Beziehungsmuster-lassen sich nicht über Nacht verändern.

Möglichkeiten, um an diesen Fallen intelligenter zu scheitern:

- Ein guter Startpunkt ist ganz schlicht, die eigenen Entscheidungsmuster zu reflektieren: Wer, wie, wann, wodurch entscheiden wir? Was ist dabei die formale Struktur und was tut man wirklich, wenn man eine Entscheidung haben will, die auch hält? Dann kann man sich anschließend fragen, was davon möchte man behalten und wo lohnt sich das Experiment partizipativer zu entscheiden.
- Anschließend lässt sich formulieren, was ein guter erster Schritt in diese Richtung sein könnte: Was muss sich an unserer Art zu Entscheiden ändern, sodass sich etwas ändert. Und was brauchen die MitarbeiterInnen für mehr Eigenverantwortung?

Die zwei Seiten des mittleren Managements

Auf der Agile World Conference 2014 bezeichnete ein Keynotespeaker der Firma Intel das mittlere Management als den „permafrost layer" einer Organisation, als jene Schicht, die Veränderung am konsequentesten behindert. Er zeichnete plastisch ein Bild, wie Initiativen der MitarbeiterInnen vom mittleren Management auf die lange Bank geschoben werden und verkümmern. Auf der gleichen Konferenz machte ich eine Session mit TeilnehmerInnen, in der es darum ging, wie man als mittleres Management Selbstorganisation in Teams fördern kann. Wir fanden viele Fälle, wo Teams trotz Selbstorganisation Rahmen und Unterstützung brauchten. Was aber stimmt nun? Ist das mittlere Management eher ein Förderer oder Verhinderer (agiler) Transformationen?

Die Antwort, könnte man meinen, liegt darin, dass es bei agilen Transformationen andere Typen von Führungskräften braucht. Oder zumindest anders qualifizierte. Dann könne man getrost auch von ihnen verlangen, agile Teams zu fördern und Veränderung zu stimulieren. An dieser Stelle lohnt es sich, einen Blick auf die Rolle zu werfen, die das mittlere Management in vielen Unternehmen spielt. Wenn man den Life Cycle von Ideen anschaut, dann sieht das oft wie in Abbildung 1 aus.

Die Hierarchie scheint also ein starker Schutzwall gegen Ideen zu sein. Was sie möglicherweise dazu treibt, ist die Funktion, die die Organisation ihr gibt: den

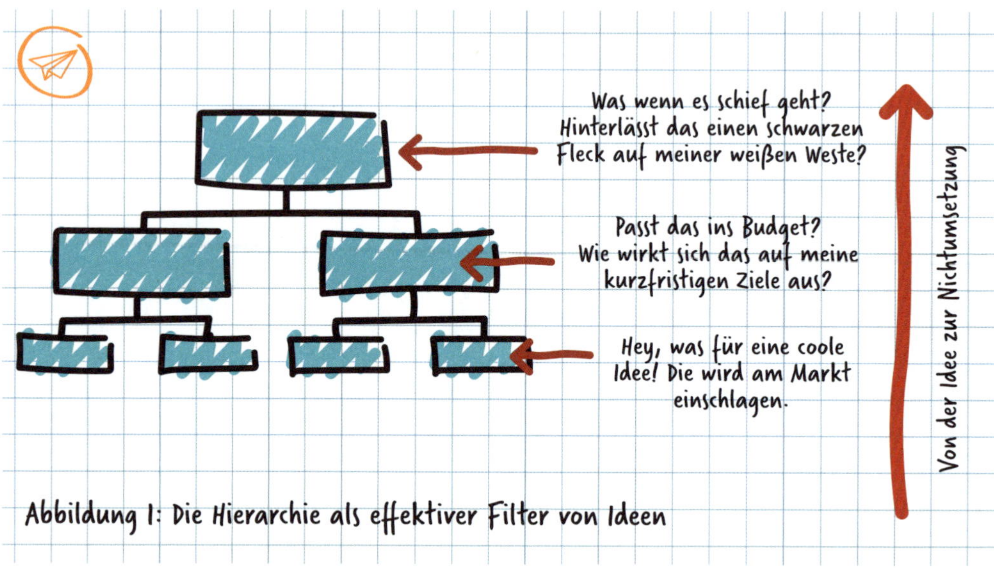

Abbildung 1: Die Hierarchie als effektiver Filter von Ideen

Betrieb aufrechtzuerhalten, das bestehende Werk am Laufen zu halten. So stellt das mittlere Management sicher, dass das Unternehmen weiter funktioniert wie bisher. Das drückt sich auch über die (formell und informell vermittelten) Ziele aus: nämlich dann, wenn mittleres Management daran gemessen wird, konkrete Dinge kurz- bis mittelfristig umzusetzen, in-time, in-budget. Damit erfüllen diese Führungskräfte eine wichtige Funktion für Unternehmen - sie sichern die kurzfristige Liquidität, und das Vertrauen der Stakeholder, dass der Laden ordentlich läuft. Schließlich sind die schönsten Ideen wenig wert, wenn es keine Organisation mehr gibt, die sie umsetzen könnte.

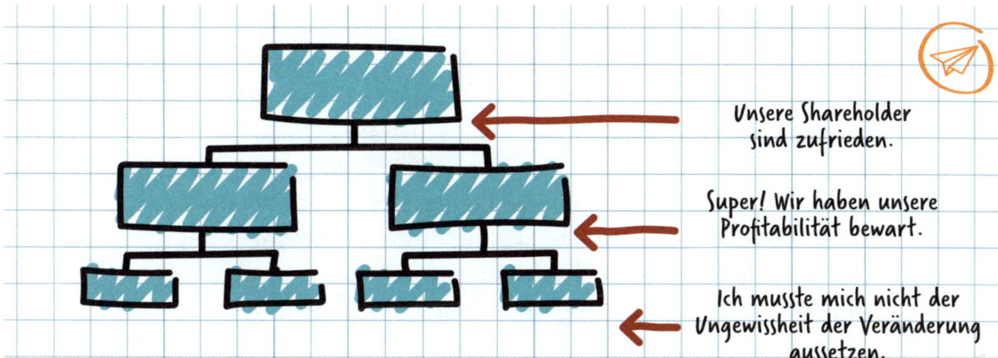

Abbildung 2: Hierarchien als Garant kurzfristiger Profitabilität

So gesehen kann das mittlere Management sowohl als Verhinderer als auch als Bewahrer auftreten. In der Praxis trifft man beides an. Aus dieser Perspektive erklärt sich das Verhalten des mittleren Managements nicht primär aus dem jeweiligen persönlichen Zugang zu Führung. Vielmehr wird es durch die Rolle, die das mittlere Management zu spielen hat, bestimmt. Verhalten des mittleren Managements, das dieser Rollenvorstellung entspricht, wird mit vielen kleineren und größeren Zuwendungen belohnt. Verhalten, das dieser Rolle entgegenläuft, wird sanktioniert. Ein mittlerer Manager ist in dieser Sicht also das, was die Organisation aus ihm macht, bzw. was sie ihn sein lässt.

Wo bleibt aber nun der Spielraum für Innovation? Aus dieser Logik wäre es ja für das mittlere Management höchst selbstschädigend, funktionierende Produkte und Arbeitsweisen durch neue ersetzen zu lassen - ein Vorhaben mit furchtbar ungewissem Ausgang, somit also so ziemlich das Letzte, was man braucht, wenn man konkrete Ergebnisse in vordefiniertem Zeit- und Budgetrahmen liefern soll.

Eine besonders gemeine Falle agiler Transformationen wäre es nun, vom mittleren Management zu erwarten, Agilität zu fördern und zugleich seine kurzfristigen Optimierungsziele zu verfolgen. Das wäre ein unauflösbarer Zielkonflikt, der im besten Fall erkannt und verhindert wird. Wenn dieser Zielkonflikt jedoch negiert wird, z.B. mit dem Vorschieben eines neuen Mindsets („Sei doch offen für das Neue!"), dann entsteht die nächste Gefahr eines Double Binds - eine unauflösbare Doppelbotschaft an das mittlere Management. Strukturen lassen sich nun mal nicht gleichzeitig bewahren und ändern.

Ein Teil der Lösung wird also wohl darin liegen, den Kontext des mittleren Managements zu ändern. Zum Beispiel indem man beides, das Bewahren und die Veränderung, als wichtige Qualitäten einer Organisation sieht. Veränderung braucht man, um zukunftssicher zu sein, das Bewährte, um als Unternehmen überhaupt in den Genuss einer Zukunft zu kommen. Von dem Gedanken ausgehend könnte man sich die Frage stellen: Welche Ziele und organisatorischen Rahmenbedingungen braucht das eine, und was braucht das andere? Also z.B. ein Produktionsbetrieb, der den alten Spielregeln folgt. Und auf der anderen Seite Produktentwicklungseinheiten, die viel höhere Freiheitsgrade haben. Zwei (oder mehr) Ansätze mit sehr unterschiedlichem, aber in sich kohärentem Führungsverständnis. Ansätze, die durch ihre Trennung jeweils für sich konsistente Ziele erlauben: Kurzfristig messbare Optimierung auf der einen Seite, langfristig notwenige Innovation auf der anderen Seite.

Auf diese Weise wird das Spannungsfeld von Bewahren und Verändern durch die Organisation gelöst und nicht durch Individuen. Die Organisation ist ohnehin viel besser darin, dies zu tun. Wenn die Übung gelingt, darf man auch optimistisch sein, dass sich die für diese Einheiten passenden Führungskräfte finden werden. Man könnte auch postulieren: Jede Organisation hat die Führungskräfte, die sie verdient.

Die besten Fallen für das mittlere Management im Kontext agiler Transformationen:

- Es ist brandgefährlich, sich seiner Funktion im Unternehmen nicht bewusst zu sein: Trage ich primär zur Veränderung bei oder zur Aufrechterhaltung des Betriebs? Wenn man diese Frage geklärt hat, dann stolpert man nicht so leicht in die Falle, beides gleichzeitig zu wollen.
- Wenn diese Verführung dennoch entsteht, dann kann das ein Zeichen sein, dass die Spannung zwischen Veränderung und Bewahrung an der richtigen Stelle bis jetzt gekonnt ignoriert wurde: Das Senior Management hat sich vielleicht noch nicht ausreichend die Frage gestellt, wie es die Organisation ausrichten will. Welche Organisationsteile dienen der Bewahrung, welche der Veränderung? In diesem Fall bleibt einem nichts anderes, als entspannt einen Tee zu trinken und die nächsten Kapitel zu verschlingen.

Das schaurig-schöne Leben in der Vorstandsinformationsblase

Die agile Transformation des auf mehrere Standorte verteilten Unternehmens Othrys läuft hervorragend. Der gesamte Vorstand wird vom zuständigen Bereichsvorstand Zelos auf dem Laufenden gehalten. Sie nehmen sich in den Vorstandssitzungen immer wieder Zeit, um sich von Zelos einen kurzen Statusbericht geben zu lassen. Sie erhalten, gut aufbereitet auf wenigen Folien, die Ergebnisse der agilen Pilotteams: So wird sichtbar, wie sich mithilfe von Scrum die Lieferzeiten verkürzen lassen. Bestärkt durch diese Erfolge beginnt man ganze Bereiche zu transformieren. Der Vorstand bekommt dabei von Zelos ein gutes Bild, wie mithilfe skalierter Formen von Scrum teamübergreifend geplant werden kann, und wie die Teams miteinander die Lieferungen koordinieren. Alles in allem ist die agile Transformation im Vorstand mittlerweile klar als Erfolgsgeschichte positioniert. Bis eines Tages jemand auf die Frage kommt, wie man denn den Erfolg evaluieren könne. Das wird kurz diskutiert, als relevant erachtet, und so entschieden, wie man gewohnt ist Dinge zu entscheiden, für die man keine Kompetenz im eigenen Haus sieht: Man beauftragt ein externes Unternehmen mit der Evaluierung der Transformation. Dieses befragt die MitarbeiterInnen in einer anonymen Umfrage, wie sie die Veränderung durch den Umstieg auf Scrum bewerten. Die Ergebnisse lösen ein kleines Erdbeben im Vorstand aus: Der Umstieg auf agiles Arbeiten wird von den MitarbeiterInnen hochgradig kontrovers gesehen. Die Anzahl derer, die eine Verbesserung darin sehen, hält sich in etwa die Waage mit denen, die es als Verschlechterung wahrnehmen. Der Vorstand hat nun den Eindruck eine Polarisierung im eigenen Unternehmen geschaffen zu haben, ohne übergreifende Verbesserung (im Median der Wahrnehmung ihrer MitarbeiterInnen). Und dass, obwohl das Transformationsprojekt doch so gut auf Kurs war!

Dass Vorstände Gefahr laufen, abgetrennt bis abgehoben von der Realität ihrer MItarbeiterInnen zu sein, ist nichts Neues. Das kann in einer Organisation mit Zehntausenden MitarbeiterInnen allzu leicht passieren. Man glaubt einen Überblick zu haben, und merkt nicht mehr, was man alles nicht merkt. Niklas Luhman, hat Hierarchie schon viel früher als ein überschätztes Steuerungsinstrument verstanden. Er meint, die klassische Organisationstheorie wollte durch „Weisungsbindungen die Einheit des Systems sichern. (...) Das hat nicht zuletzt zu einer Überschätzung der Häufigkeit geführt, mit der hierarchische Kommunikationswege tatsächlich benützt werden“ (Luhmann, 2011).

Man könnte meinen, das läge in der Natur der Sache. Denn die schiere Menge der potenziell relevanten Informationen in einer Organisation erfordern für den Vorstand natürlich irgendeine Form von starker Komplexitätsreduktion. Und nicht nur für den Vorstand, wie Torsten Groth es auf den Punkt bringt: „Organisationen sind nichts als Vereinfachungsmaschinen", und weiter „sie gehen nicht an Komplexität zu Grunde, sondern an ihren Vereinfachungen", denn „meistens sind das Übervereinfachungen" (Groth, 2019). Auch das Gegenteil kann passieren: Man versucht möglichst alle Aspekte eines Themas zu beachten, sie ausführlich zu diskutieren, um dann, überfordert von der Komplexität der Informationen und Meinungen, viel zu lange zu keiner Entscheidung zu finden.

Die Frage ist also: Welche Art von Informationsfluss, und damit welcher Informationsauslese, kann bei einer agilen Transformation - und in der Folge einer agileren Organisation - funktionieren? Wie gut können also die etablierten Mechanismen, z.B. ein Berichtswesen über die Hierarchie, bei einer agilen Reise noch taugen? Die Hierarchie hat vielen Firmen geholfen ein Geschäftsmodell zu skalieren, und dabei die Geschäftsführung handlungsfähig zu halten. Es hat sie groß und erfolgreich gemacht. Aber inwieweit passt dies zu der Idee von Transparenz und direkter Kommunikation? Und wie gut kann man auf hierarchische Weise unhierarchischer werden?

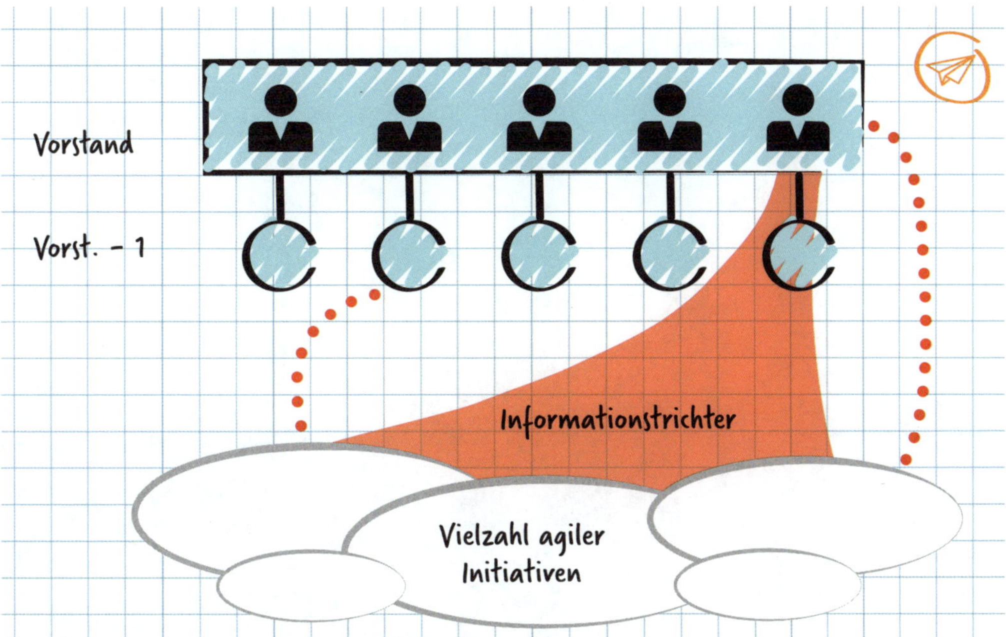

Abbildung 3: Management-Informationstrichter

Eine gute Art für eine Geschäftsführung an einer agilen Transformation gekonnt vorbeizuführen, ist einfach so weiterzumachen wie bisher, d.h. die gewohnte Vorstellung, wie Führung und Steuerung funktionieren kann, einfach fortzusetzen. Es ermöglicht ein schönes Leben in der selbstkonstruierten Informationsblase – bis das Leben einen einholt.

Es geht auch anders, z.B. wenn man beginnt, sich mit den agilen Prinzipien auseinanderzusetzen. Es entstehen neue Denkmöglichkeiten, wie man sich als oberste Führung eines Unternehmens informieren und den Prozess steuern kann.

So liefert James Surowiecki in seinem Klassiker „The Wisdom of Crowds" (Surowiecki, 2005) viele spannende Beispiele, wie man bei einer komplexen Aufgabenstellung schnell zu guten Entscheidungen kommen kann. Die Grundidee ist einfach: Man muss einer komplexen Aufgabe nur genug Komplexität entgegenwerfen. Anstatt auf wenige ExpertInnen zu setzen, arbeitet eine Gruppe mit vielen unterschiedlichen Perspektiven an dem Thema. Das führt, so zeigen Surowieckis Beispiele, zu besseren Lösungen als durch noch so kompetente Kleingruppen.

Exkurs: Wie Scrum die Weisheit der Teams nutzt

Agile Ansätze wie Scrum setzen stark auf kollektive Teamentscheidungen. In der Softwareentwicklung hat dies dazu geführt, dass nicht mehr nur einzelne Personen planen, schätzen und entscheiden. Stattdessen gibt es sogenannte cross-funktionale Teams, in denen z.B. Analytiker, Softwareentwicklerinnen, User-Interface-Experten und TesterInnen bunt gemischt zusammenarbeiten. Die agile Schatzkiste liefert dabei eine Reihe konkreter Methoden, um die „Weisheit dieser Teams" in der Praxis effizient und effektiv zu nutzen:

- **Teambasierte Schätzverfahren:** Bei einem Planning Poker z.B. setzt man auf das kollektive Bauchgefühl und damit den Erfahrungsschatz des Teams. Es wird verdeckt von jeder Person eine Einschätzung gegeben, z.B. zur Größe/Komplexität einer anstehenden Aufgabe. Wechselseitige Beeinflussungen durch die Gruppendynamik (vgl. Asch Experiment) werden durch das verdeckte Verfahren reduziert. Wenn die Einschätzung der ganzen diversen Gruppe ähnlich ist, dann wird der Wert so beschlossen. Wenn eine große Divergenz herrscht, dann werden die der Einschätzung zugrundeliegenden Annahmen diskutiert. Es wird wieder geschätzt. Dann kommt es entweder zu einer Annäherung der Werte (wenn der Austausch zu neuen Einsichten geführt hat) oder eben nicht. Im letzteren Fall kann das ein Zeichen dafür sein, dass noch mehr Informationen zu dem Thema benötigt werden. Dort wo man innerhalb des Erfahrungsrahmens des Teams agiert, kommt man hingegen schnell zu brauchbaren Einschätzungen.
- **Teambasierte Entscheidungsverfahren:** Es gibt mehrere, einander ähnelnde Verfahren, die darauf setzen, den Widerstand im Team sukzessive auf Null zu reduzieren (Konsentverfahren, systemisches Konsensieren, Integrative Decision Making). Dabei wird solange iterativ auf schwere Einwände eingegangen, bis alle mit der Entscheidung leben können. So kann man mit diesem Verfahren auch bei kontroversen Themen Einstimmigkeit darüber erreichen, was eine geeignete Handlungsrichtung ist.

Diesen Grundgedanken der „Weisheit diverser Teams“ kann man auch aufgreifen, um wesentliche Stellen des Informationsflusses der Organisation neu zu gestalten. Das bedingt allerdings, dass man sich mehr als bisher zumutet, unterschiedliche Sichtweisen auszuhalten. Die rechtschaffene Erwartung, als Vorstand jederzeit ein kongruentes Bild der Situation zu haben, könnte darunter gravierend leiden. Verschiedene Sichtweisen, Einschätzungen und Bewertungen kommen ungefilterter nach oben durch.

Cross-communicate

Das folgende Beispiel, wie man Informations- und Entscheidungsfluss bei agilen Transformationen gestalten kann, ist also nichts für ambiguitätsschwache Nerven:

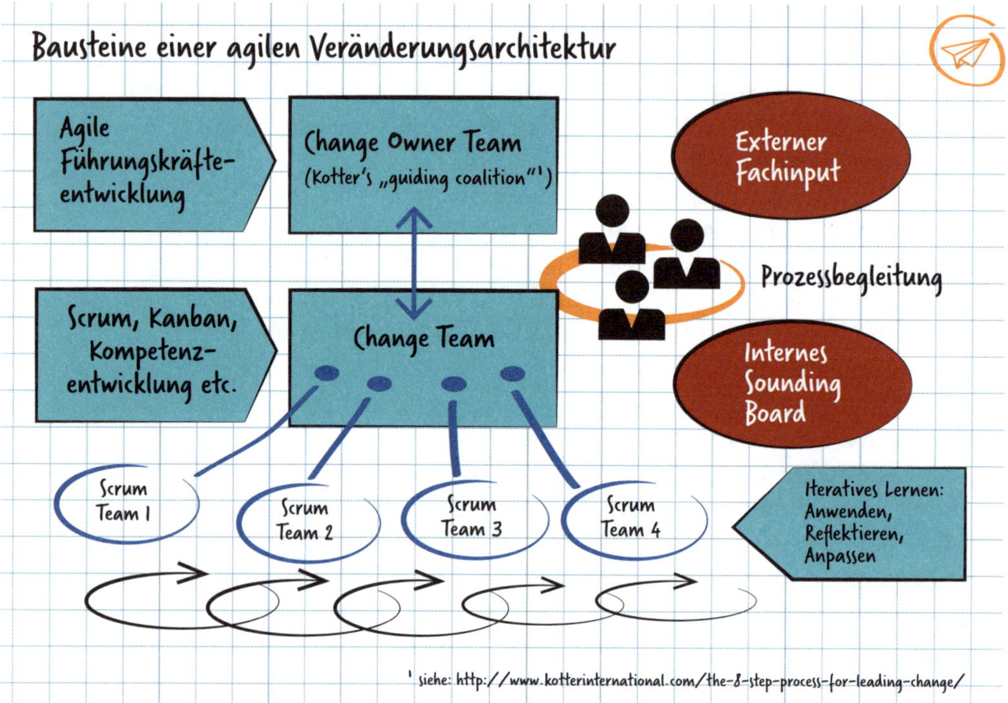

Abbildung 4: Eine mögliche agile Veränderungsarchitektur
(mit freundlicher Genehmigung der Y Unternehmensberatung)

In dieser Veränderungsarchitektur wird die Unternehmensführung Teil des Change Owner Teams. Dieses Führungsteam[3] ist in regelmäßigem Austausch

3 Anmerkung: Ein Führungsteam wird hier als ein Team verstanden, das führt. Das bedeutet nicht, dass es (ausschließlich) aus hierarchischen Führungskräften besteht. Führung findet in diesem Verständnis in jeder Gruppe oder Organisation statt, auf informell wie auch formell geregelte Weise. Führung wird hier also als Funktion (wenn man so will auch als Dienstleistung an) der Organisation verstanden.

mit dem Change Team, das insbesondere aus Vertretern der agilen (Pilot)teams besteht. Beide sind in geplantem und - mindestens ebenso wichtig- ungeplantem Austausch mit verschiedenen internen und externen Kontakten. Die hierarchischen Kommunikationslinien werden durch „cross-communication" ersetzt. Wer Querdenken zulassen will, sollte auch quer durch die Organisation kommunizieren.

Dieses Framework setzt auf der Grundannahme auf, dass ein erfolgreicher Veränderungsprozess generell aus einer gesunden Mischung von Top-down und Bottom-up-Impulsen besteht. „Innovation that happens from the top-down tends to be orderly but dumb. Innovation that happens from the bottom-up tends to be chaotic but smart", wie das sogenannte Carlson's Law anschaulich besagt (Friedman, 2012). Und auch eine agile Transformation ist eine Innovation - eine Innovation der Organisation.

Umso mehr gilt das für Veränderungsprozesse, die zu einer weniger hierarchischen Organisation führen sollen: Selbstorganisation lässt sich nicht verordnen, aber sie lässt sich auf eine kooperative Weise zwischen oben und unten gemeinsam laufend adaptieren. Auch die Entscheidungsstrukturen, die bestimmen, welcher Grad an Selbstorganisation an welcher Stelle zu welchem Zeitpunkt angemessen ist, können mehr oder weniger partizipativ sein. Somit liegt in dieser Veränderungsarchitektur eine gute Möglichkeit, das Paradoxon zu berücksichtigen, das darin besteht, Selbstorganisation hierarchisch einführen zu wollen: der angemessene Grad an Selbstorganisation wird zwischen oben und unten ausverhandelt. Und nachdem sich die Fähigkeit zur Selbstorganisation weiterentwickelt, kann dieser Freiraum laufend nachjustiert werden.

Change Owner Team und Change Team agieren also quasi als Tandem, um Spannungsfelder (Paradoxien) der Organisation neu zu balancieren. Sie repräsentieren beide Sichtweisen, bottom-up und top-down. Auch Rollen und Entscheidungsprozesse können durch das Tandem neu verhandelt werden und somit Machtverhältnisse neu geregelt werden. Das Ganze kann in einem iterativen Prozess laufend in der Organisation erprobt werden. Zusammen reflektiert das Tandem regelmäßig, wie gut das gelingt. Retrospektiven ihrer Zusammenarbeit sind dabei meist auch ein guter Spiegel der Organisation. Nachdem die Vertreter in den Teams ihre Rollen und somit Funktionen in der Organisation mitbringen, sind Konflikte zwischen Teammitgliedern oft ein Ausdruck von horizontalen oder vertikalen Spannungen im Unternehmen: Das Führungstandem wirkt wie ein Seismograf der tektonischen Spannungsfelder der Organisation.

Der Lernprozess zwischen Change Team und Change Owner Team ist dabei durchaus anspruchsvoll, weil zweistufig: Fragen nach dem Erfolg der Transformation („Wie gut sind wir informiert? Wie gut fühlen sich die Teams von uns unterstützt? Was hat sich für unsere Kunden geändert?") vermischen sich mit den Fragen nach der Zusammenarbeit innerhalb des Führungstandems („Wie geht es uns in der Zusammenarbeit? Was ist förderlich? Was ist hinderlich?"). Konflikte im Team werden dabei oft als persönliche Konflikte interpretiert, der organisatorische Kontext kann allzu leicht übersehen werden. Doch diese Lernarbeit kann sich durchaus lohnen. Diese und weitere Fragen zu klären, kann helfen, das Weiterlernen der Organisation voranzubringen. Und das Tandem hat die Möglichkeit, schnell und gut informiert Entscheidungen zu treffen, und damit Wirkung in der Organisation zu entfalten.

In einer Veränderungsarchitektur dieser Art organisieren sich die Teams innerhalb des Rahmens, den Change Team und Change Owner Team gesteckt haben, und lernen dabei laufend bei ihren Teamretrospektiven weiter. Dieser Rahmen wird sich von Zeit zu Zeit ändern, da ja die Teams eine Stimme im Change Team haben, wo sie ihren Spielraum mitbeeinflussen können.

Unterschiede zwischen diesen exemplarischen Ansätzen - hierarchisches Berichtswesen auf der einen, agile Veränderungsarchitektur auf der anderen Seite - lassen sich nicht nur aus einer Perspektive des Informations- und Entscheidungsflusses feststellen. Es ist auch spannend sich zu fragen, was dies für das Lernen der Organisation bedeutet, aber auch für die Strategieentwicklung und ganz pragmatisch für die Priorisierung der kostbaren Ressource Führungszeit. Die Frage, wie der Informationsfluss organisiert wird, berührt also eine Reihe von Kardinalfragen von Unternehmen.

Aus einer Perspektive des Lernens der Organisation könnte man sagen: Die Teams versuchen, sich innerhalb eines gesteckten Rahmens laufend zu verbessern. Der Rahmen wird sich dabei aus vielen Bausteinen zusammensetzen: der Vision, die sie verfolgen, der Teamzusammensetzung, Methodenvorgaben (z.B. Scrum), sofern es welche gibt, usw. Das Change (Owner) Team hat die Chance zu reflektieren, wie gut das Lernen der Teams und auch das eigene Lernen funktioniert. Als Führungsteam kann man sich z.B. fragen: Was müssen wir ändern, damit die Teams besser lernen können? Es ist wunderbar zu sehen, was einem gut eingespielten Change (Owner) Team da so alles einfallen kann: Das Team um Quer- und Andersdenkende bereichern (oder Querdenker rausnehmen), mehr Zeit und damit mehr Raum für Experimente geben, Austausch der Teams nach innen und außen kultivieren, Räumlichkeiten abseits des Arbeitsalltags zur Verfügung stellen und vieles mehr. Im Zuge dieser Reflexion nehmen manche Führungskräfte auch die eigene Haltung und damit Vorbildfunktion als veränderungswürdig wahr.

Aus einer Perspektive der Strategiearbeit könnte man sagen: Egal wie gut die Strategie ist, die man sich überlegt hat, die komplexe Realität der eigenen Organisation wird einen eines Besseren belehren. Manches wird sich bewähren, manches wird ganz anders wirken als erwartet, manches wird von der Organisation oder den Kunden schlicht nicht angenommen werden. Die Frage ist, wann und wie will man sich dieser Realität stellen. In einer agilen Veränderungsarchitektur würde die Antwort lauten: schnell, wiederkehrend und möglichst in direkter Interaktion mit den Beteiligten. Dabei ist es kaum vermeidbar, immer wieder auf substanzielle Spannungsfelder zu stoßen. Der Vorstand würde sich z.B. mit der Frage konfrontiert sehen, wie er sein Bedürfnis nach übergreifender Steuerung mit der stärkeren Autonomie der Teams in Einklang bringt. Tiefgreifende Veränderung verläuft nun mal oft entlang der tektonischen Platten einer Organisation - für die sich neue Gleichgewichtszustände finden lassen. Eine Negierung dieser Spannung kann aber auch eine Polarisierung bis hin zur Spaltung der Kontinente bewirken. Eine transparentere Kommunikation kann Spannungen sichtbarer und bearbeitbarer machen. Eine (rein) hierarchische Form, eine agile Transformation zu steuern, kann hingegen eine effektive Möglichkeit sein, organisationsinterne Spannungsfelder möglichst nicht zu thematisieren. Und damit mitunter am relevanten Geschehen mit Pauken und Trompeten vorbeizusegeln. Denn die Spannungsfelder sind da, und werden laufend bearbeitet – geführt oder ungeführt vom Vorstand, mehr oder weniger zum Nutzen der Organisation. Auch eine innere Spaltung ist eine Form von Balance. Ob sie der Organisation nützt, ist eine andere Frage.

Eine agile Transformation effektiv zu führen, kostet natürlich auch ganz praktisch gesehen Zeit. Ein guter Grund für den Vorstand, sich der Kosten einer agilen Transformation bewusst zu sein: in Form von Zeit und eigener Veränderungsbereitschaft.

Wenn man sich darauf einlässt, dann sollte nichts mehr schiefgehen. Könnte man meinen.

Wer das Narrativ bestimmt, bestimmt

Das Change Team, zusammengesetzt aus MitarbeiterInnen querbeet aus der Organisation, hat das zweiwöchentliche Treffen mit seinen Sponsoren. Letzteres besteht aus drei erfahrenen Führungskräften aus unterschiedlichen Bereichen der Organisation, die aus ihrer Rolle heraus zum Thema agile Zusammenarbeit einen besonderen Bezug haben. Alle gemeinsam sind verantwortlich dafür, das agile Change-Projekt voranzubringen. Die Themen an diesem Tag sind bunt gemischt, eines davon ist kontroverser Natur. Als die Diskussion zu diesem Thema beginnt, wird das Gespräch schnell intensiv: Die Taktzahl erhöht sich, die Stimmen werden lauter. Es beginnt eine heiße Diskussion. Und sie wird relativ schnell nur noch von den Sponsoren geführt. Es entsteht ein gemeinsames Verständnis unter den Sponsoren, wie dieses Thema zu verstehen und behandeln ist. Es kommt, wie es aus Sicht von Polyxena, einer engagierten Change-Team-Mitarbeiterin, immer kommt: Das gemeinsame Narrativ der drei würde von jetzt an gelten und auch in der Organisation so weitererzählt werden. Aus Sicht von Polyxena fühlt sich diese Darstellung schal an. Sie enthält wenig bis nichts von dem, was das Change Team vorher an Ideen entwickelt hat. Polyxena verlässt den Raum und fragt sich, was sie in diesem sogenannten Change Team eigentlich verloren hat.

Eine Veränderungsarchitektur, die Austausch quer durch die Organisation und die Hierarchien fördert, ist offensichtlich keine hinreichende Voraussetzung, dass sich auch wirklich etwas ändert. Es scheint, es bleiben der Organisation noch genügend Möglichkeiten, sich gegen Veränderung zu wehren. Die Gründe dafür können mannigfaltig sein. Es lohnt sich, diesen Widerstand zu ergründen. Zum Beispiel können Glaubenssätze und Haltungen der Führungskräfte eine Rolle spielen. Sich mit diesen auseinanderzusetzen, kann ein notwendiger Teil des Prozesses sein. Mehr dazu findet sich im folgenden Kapitel.

Ein weiteres effektives Bollwerk gegen zu viel Veränderung kann sein, als Vorstand den Führungskräften keine gemeinsamen Ziele zur agilen Transformation zu geben. Mittlere ManagerInnen können bemerkenswert viel Zeit und Energie in der wechselseitigen Verteidigung der jeweils eigenen Interessen stecken – sofern man nicht dieselben Interessen hat. Das wirkt, als wenn man bei einem Fußballteam nicht allen Spielern das gleiche Ziel gäbe: das Spiel zu gewinnen. Stattdessen haben die Verteidiger nur das Ziel den Strafraum zu verteidigen, die Stürmer nur das Ziel Tore zu schießen. Wie viel Spieler haben dann in der 89. Minute gute Gründe, beim Rückstand von 1:2 den Ausgleich zu erzielen?

Diese Dynamik lohnt es im Auge zu behalten, bei Teamzielen ebenso wie bei den Zielen für Führungskräfte. Wie groß wird das Engagement einer Führungskraft in einem Unternehmen mit einem Incentiveprogramm sein, wenn unter ihren vielen ehrgeizigen Ziele keines zur agilen Transformation ist? Was wird passieren, wenn die agile Transformation die Ziele der Sponsoren beeinflusst, aber jeder etwas anderes für die Erreichung der Ziele braucht? Was, wenn die Transition den (kurzfristigen) Zielen sogar entgegenläuft?

Abgestimmte Ziele für alle Führungskräfte machen bei unternehmensweiten Vorhaben einen Unterschied. Doch abgestimmte Ziele setzen eine abgestimmte Strategie voraus (wenn sie der Organisation etwas bringen sollen). Und das erfordert die Bereitschaft, sich mit einer ganzen Reihe von Spannungsfeldern auseinanderzusetzen.

Die besten Fallen für das mittlere Management im Kontext agiler Transformationen:

- Der direkte Weg in eine Falle kann sein, als Vorstand zu glauben, dass sich alles ändert, ohne dass man sich selbst ändert. Die Art, wie man sich informiert, der Rahmen, in dem man reflektiert, die Mechanismen, mit denen man steuert – alles bleibt, wie gewohnt. Dabei ist es von außen betrachtet schwer vorstellbar, dass sich eine Organisation grundlegend ändert, ohne dass sich ihre oberste Führung ändert.
- Um in diese Falle zu stolpern, hilft es auch, den bewährten Kommunikationskanälen zu trauen. Warum sollte sich daran auch etwas ändern, wenn die Organisation agil wird? Die hierarchischen Informationswege sind nun aber leider ein verdammt dünnes Sprachrohr zur Realität der Organisation. So entstehen Muster der Informationsauswahl, die den Vorstand u.U. in einer Informationsblase dem tatsächlichen Geschehen zu weit entschweben lassen.
- Ein effektiver Schutzwall gegen agile Veränderung ist es, die Partikularinteressen der verschiedenen Organisationseinheiten zu bewahren, indem man sie nicht mit übergreifenden Zielen behelligt. Wie ein Fußballteam, in dem jeder auf sein eigenes Revier schaut, aber niemand darauf bedacht ist, dass die Mannschaft als Team das Spiel gewinnt.

Handlungsmöglichkeiten, um an diesen Fallen intelligenter zu scheitern:

- Cross-communicate: Eine Flucht nach vorne kann darin liegen, sich als Vorstand mehr der Vielfalt der Meinungen zu stellen. Dazu lassen sich im Sinne der agilen Prinzipien neue Informationsarchitekturen schmieden, in denen abseits der Berichtslinien viel Austausch stattfindet. Die Kommunikationsblasen werden durchlässiger und die vielfältigen Ressourcen der Belegschaft werden besser genutzt. So wird der Komplexität der Realität mit mehr Komplexität in der Organisation begegnet.

Mindset

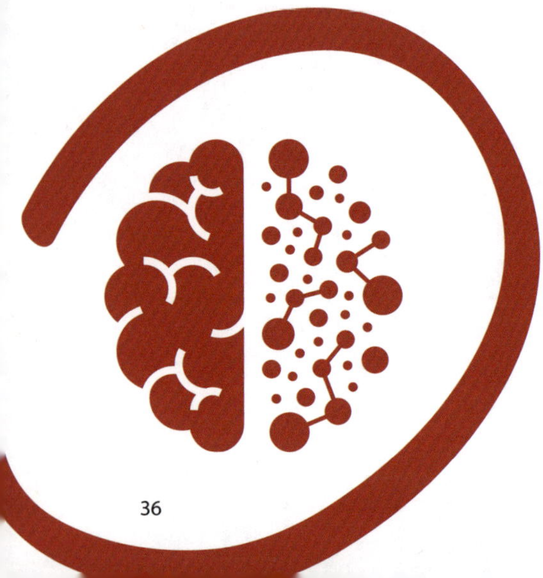

Teil 2

It's the mindset, stupid!

Das Scrum Team Taurus hat vor über einem Jahr mit Scrum begonnen, nachdem einige Teammitglieder schon einige Zeit lang darauf gedrängt hatten. Die Scrum Masterin des Teams hat ihre Rolle nach einigem Zögern übernommen. Sie ist sich nicht sicher, was das eigentlich genau bedeutet, Scrum Masterin zu sein. Ihr ist noch immer nicht ganz klar, ob sie nun eine Führungskraft ist oder nicht. Aber ihr gefällt die Idee, das Team dabei zu unterstützen, gut zusammenzuarbeiten. Sie möchte etwas dazu beitragen, dass es rund läuft. Nun trifft sich das Team wieder einmal zum Backlog Refinement. Der Product Owner, der für das Produkt fachlich verantwortlich ist, stellt die erste Anforderung in Form einer User Story vor. Die Scrum Masterin lädt daraufhin das Team ein, Fragen zu stellen. Die Diskussion beginnt mit Schwung und schraubt sich von allgemeinen Verständnisfragen ausgehend in immer tiefere Detailebenen. Alsbald beginnt ein Teil des Teams Lösungsansätze zu diskutieren und die Tasks zu definieren, die für die Umsetzung der User Story notwendig sind. Andere Teammitglieder machen eher lustlos mit. Die Scrum Masterin fühlt sich wie in einem schlechten Film: Die Kommunikation wird aus ihrer Wahrnehmung immer zäher. Als sie schließlich fragt, wozu eigentlich schon Tasks definiert würden, es ginge doch erstmal nur um die Grobschätzung der Anforderung, bekommt sie unterschiedliche Antworten. Manche meinen, das sei eine gute Frage, andere antworten wie aus der Pistole geschossen, das sei unabdingbar, um zu einer brauchbaren Schätzung zu kommen. Nur in einem stimmen alle überein: Dieses „Scrum" ist ganz schön mühsam. Was daran besser sein soll als am vertrauten Wasserfallansatz, müsse sich erst zeigen.

Es kann viele gute Gründe für ein Team geben, sich nicht auf die Schätzung[4] einer Anforderung festzulegen: Angst zum Beispiel. Wenn man damit rechnen muss, auf eine Zahl festgelegt zu werden und bei Nichteinhaltung sanktioniert zu werden, dann macht es Sinn, sich nicht festzulegen. Ein anderer Grund kann

4 In Scrum wird die Komplexität einer Anforderung geschätzt. Die Methode berücksichtigt den Umfang der Aufgabe, aber auch Faktoren wie technische oder organisatorische Komplexität. Sie ist unter anderem ein Indikator dafür, wie viele Anforderungen sich ein Team sinnvollerweise in der nächsten Etappe vornehmen kann. Schätzeinheit sind die sogenannten Story Points. Eine gute Erörterung dazu findet sich bei Mike Cohn (Cohn, 2005 und 2010).

in der Überzeugung liegen, dass gut laufende Projekte gute Planung erfordern. Und gute Planung braucht gut geschätzte Anforderungen. Und das umso mehr, je komplexer ein Projekt ist.

Man kann auch der umgekehrten Meinung sein: Schätzen und Planen bringt umso weniger, je komplexer ein Projekt ist. Frei nach dem Motto „life is what happens to you while you are busy making other plans", das John Lennon fröhlich zum Besten gab.

Und wer hat recht? Natürlich beide!
Es lassen sich Glaubenssätze für beide Standpunkte finden. Und die passenden Argumente dazu. Wer überzeugt von Wasserfallansätzen ist, der wird auch zuverlässig die entsprechenden Studien, Beispiele und Erfahrungswerte dazu finden. Gleiches gilt für Verfechter agiler Ansätze. Und Glaubenssätze sind echt starker Tobak. Sie bestimmen unsere Wahrnehmung, sie leiten unsere Entscheidungen. Und sie bewegen sich unauffällig unter der Oberfläche der Prozesse, Spielregeln etc. – also all dem, was wir bewusst beeinflussen. Wie der Unterbau eines Eisberges, der ein Team mal locker in zwei Teile spalten kann: zwei Teamfraktionen, die sich in ehrlicher Überzeugung und Loyalität zum Unternehmen gegenseitig aufreiben. Der Schlachtruf „Wir brauchen mehr Informationen!" trifft auf „Wir schätzen nach Bauchgefühl", oder „responding to change over following a plan" wie das agile Manifest dazu sagt.

Man kann das Eine ebenso glauben wie das Andere. Das geht dann wie beim Tauziehen: Alle verbraten viel Energie, aber keiner kommt von der Stelle. Dieses Gleichgewicht kann ziemlich stabil sein. Als die Führungskraft von Team Taurus stärker Partei für das agile Arbeiten ergreift, strengt sich die andere Seite umso mehr an. Der dynamische Stillstand bleibt aufrecht erhalten.

Von außen betrachtet kommt einem das mitunter reichlich absurd vor. Wie schafft man es, in dieser anstrengenden Haltung zu verbleiben? Und wozu? Eine mögliche Erklärung dafür liegt in der Vorstellung, nur einer der beiden Standpunkte könne recht haben. Entweder agil oder der Wasserfallansatz. Entweder wir leben das Neue, oder wir leben das Bewährte. Und darin ist ja unser westliches Denken gut geschult: „Tertium non datur" sagt unsere Logik zu kontradiktorischen Gegensätzen. Nur (genau) einer der beiden Glaubenssätze kann wahr sein: Eine dritte Möglichkeit gibt es nicht.

Paul Watzlawick nennt diese Haltung in Anlehnung an die Spieltheorie Nullsummenspiel (Watzlawick, 1986). Situationen werden als Gewinner-/Verlierer-Entscheidungen verstanden – je mehr ich dir entgegenkomme, desto mehr verliere ich und desto mehr gewinnst du. Der Kompromiss gilt als einzige Form beides zu verbinden. Es gibt aber auch ein anderes Verständnis, wie Watzlawick (und andere) ausführen: Eine Verbindung von A und B kann für beide Parteien besser sein als A und B für sich allein. Die Synthese (aus der Dialektik) zum Beispiel. Oder die situationsspezifische Anwendung von mehr oder weniger Planung.

Die agile Schatzkiste bietet an dieser Stelle eine hilfreiche Differenzierungsmöglichkeit für die Frage, wie viel Planung Sinn macht. In der sogenannten Stacey-Matrix wird zwischen trivialen, komplizierten, komplexen und chaotischen Aufgaben unterschieden.

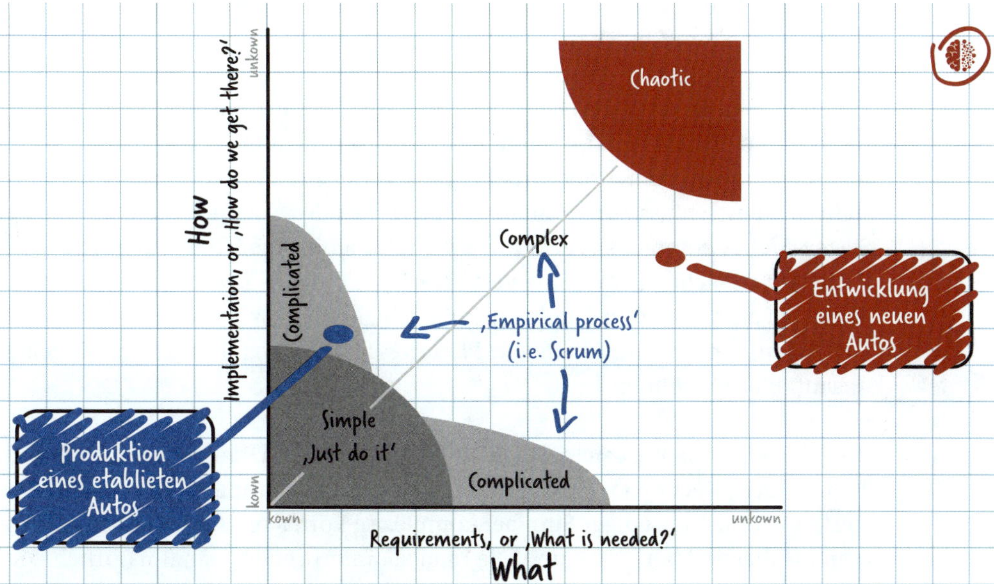

Abbildung 5: Stacey-Matrix

Der Bau eines Autos ist in diesem Sinne eine komplizierte Aufgabe: Bei einer Produktionsstraße lassen sich sowohl das Ergebnis als auch der Weg dorthin (innerhalb einer gewissen Varianz) einschätzen und planen. Die Entwicklung eines neuen marktgerechten Autos ist hingegen eine komplexe Aufgabe. Sie beinhaltet viele Unwägbarkeiten, wie z.B. die - sich ständig ändernden - Bedürfnissen der Kunden, neue Marktregulative wie CO2 Emissionsvorgaben, das Verhalten des Wettbewerbs etc. Komplexe Systeme sind im Allgemeinen nicht vorhersagbar. Für komplexe Aufgaben sind agile Ansätze (besonders) geeignet, wie der entsprechende Glaubenssatz im agilen Manifest postuliert: Die Fähigkeit auf Veränderung zu reagieren ist wichtiger als eine vollständige Planung. An die Stelle von Planung tritt ein strukturiertes Trial and Error. Scrum setzt diesen Ansatz in der Praxis konsequent um. Es wird immer nur für einen kurzen

Zeitraum geplant, und das mit möglichst leichter Hand und wenig Aufwand. Die Methode bietet eine Kadenz an Ritualen, die einem helfen, einen Rhythmus des ständigen Ausprobierens und daraus Lernens zu entwickeln. Unsicherheit wird bei Scrum also quasi schon morgens serviert, und ganz unbekümmert mit wenig Planung und viel Kommunikation vom Team abgefrühstückt. Oder wie Ken Schwaber, einer der Gründer von Scrum, konstatiert: „The Scrum paradigm embraces change, unpredictability and complexity as inescapable constants in all product developments" (Schwaber, 2007).

Der Wasserfallansatz auf der anderen Seite bedient wunderbar unser Bedürfnis, Komplexität zu vermeiden. Er bedient sich dazu eines beliebten Mittels: dem linearen Denken. Ein Thema wird linear auf der Zeitachse aufgedröselt. Erst analysiert man, dann setzt man um, dann testet man. Eines führt schön zum anderen. Was ja auch durchaus funktionieren kann, wenn das Ergebnis vorher bekannt ist und sich im Laufe des Prozesses nicht allzu sehr ändert. Wenn man das Ergebnis außerdem in alle Teile zerlegen kann, die man separat erstellt und am Schluss zusammenfügt und testet (also Themen, die im Sinne der Stacey-Matrix kompliziert, aber nicht komplex sind). Aber wir oft kommt das bei Projekten tatsächlich vor? Eine verführerische Falle liegt darin, uns komplexe Vorhaben als analysierbar und planbar schönzureden- wir also lineares Denken anwenden, um uns Illusionen von Planungssicherheit zu bescheren, die leider unsanft platzen können.

Die Stacey-Matrix lässt sich also auch so interpretieren, dass beide Parteien im Team Taurus Recht haben: Planen und Schätzen macht mehr Sinn bei komplizierten Vorhaben, weniger Sinn bei komplexen Vorhaben. Aber für wie relevant man die Stacey-Matrix hält und wie man sie interpretiert, hängt natürlich wieder von den eigenen Glaubenssätzen ab.

Und Glaubenssätze zu ändern, ist kein kleiner Schritt. Es bedeutet ja auch das Loslassen von der Sicherheit, die einem genaue Analyse und Planung (scheinbar?!) immer geboten hat. Stacia Broderick beschreibt das sehr anschaulich anhand ihrer eigenen Reise vom klassischen (nach PMI ausgebildeten) Projektmanagement hin zu agilem Arbeiten (Sliger, 2008). Auf einmal kaum mehr zu planen, zu steuern, zu dokumentieren und sich dennoch für ein Projekt verantwortlich fühlen (und vielleicht auch dafür verantwortlich gemacht zu werden), kann anfangs eine ganz schöne Tortur sein.

Exkurs: Das Wertequadrat von Schulz von Thun

Ein wertvolles Werkzeug für agile Transformationen stellt auch das Wertequadrat dar, das unter anderem in der Version von Schulz von Thun (Schulz von Thun, 1989) Verwendung findet.

Es stellt einem (positiven) Wert einen anderen (ebenso positiven) Wert gegenüber. Das ergibt ein Wertepaar, dessen Bestandteile zueinander in Spannung stehen, zum Beispiel Sicherheit und Flexibilität. In der Logik des Wertequadrates kann jeder dieser Werte in seiner Überbetonung wiederum einen Mangel erzeugen: zu viel Sicherheit kann zu Starrheit führen, zu viel Flexibilität zu Chaos.

Es kann hilfreich sein, das Wertequadrat frühzeitig in einer Kontroverse einzuführen und so den positiven Wert, den die jeweils andere Seite vertritt, sichtbar zu machen. Ist doch die Sicherheit ein hilfreicher Ausgleich, damit zu viel Flexibilität nicht ins Chaos führt. Und hilft doch die Flexibilität, nicht vor lauter Sicherheitsdenken in Starre zu verfallen. Dieser Ansatz bietet die Chance, in der jeweils anderen Seite nicht den Mangel zu sehen, sondern eine wertvolle Ressource. Darin steckt eine schöne Möglichkeit, die andere Seite besser wertschätzen zu können. Z.B. im Rahmen von Coachings oder über Gamification-Ansätze lassen sich Spannungen, die aufgrund von (empfundenen oder auch nur befürchteten) Werteverletzungen entstehen, mithilfe des Wertequadrats bearbeiten.

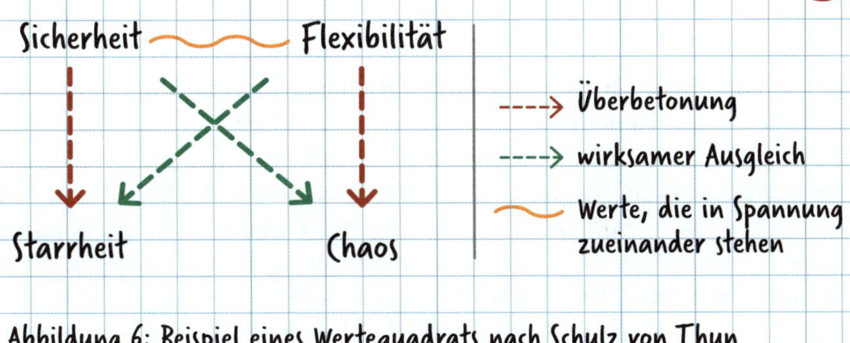

Abbildung 6: Beispiel eines Wertequadrats nach Schulz von Thun

Es ist übrigens keineswegs gesagt, dass agile Methoden zu mehr Flexibilität führen. Agile Methoden in Kombination mit einem starken Sicherheitsbedürfnis können zu einer starren, inflexiblen Interpretation von Agilität führen.

Das drückt sich darin aus, agile Methoden möglichst auf Punkt und Komma umzusetzen, statt die Frage zu stellen, wie man die Methoden und Spielregeln immer wieder auf die jeweilige Situation anpasst. Agile Methoden lassen sich, je nach Werteorientierung, sehr oder auch sehr wenig im Geiste des agilen Manifests auslegen. Aus „Individuen sind wichtiger als Prozesse und Tools" kann leicht das Gegenteil werden. Wie agil man wird, hängt von Werten und Glaubenssätze ab - sie bei einer agilen Transformation zu reflektieren, macht also Sinn.

Wenn Glaubenssätze also eine zentrale Rolle bei agilen Transformationen spielen, wäre es doch schön, wenn alle Beteiligten die gleichen oder zumindest kompatible Glaubenssätze hätten. Wenn sich alle auf die gleichen Werte und Prinzipien stützten. Kurz gesagt, wenn alle ein mehr oder minder agiles, jedenfalls aber nicht zu unterschiedliches Mindset hätten!

Das Unternehmen Atlas ist stolz auf seine Unternehmenswerte. Sie strahlen einen schon an, wenn man als Besucher in die Eingangshalle tritt und begegnen einem im Laufe des Besuchs immer wieder. Einige davon sind klassische Werte, wie Qualität und Respekt, die auch vor 30 Jahren die Aufmerksamkeit der Vorbeigehenden kaum in den Bann gezogen hätten. Sie sind einfach da, auffällig unaufregend. Doch ein Wert ist anders: Er spricht von Agilität und Einfachheit. Und er ist auffällig uneindeutig. In einer Umfrage gaben die MitarbeiterInnen an, die Unternehmenswerte auch tatsächlich zu leben - bis auf den einen, der für Agilität steht. Mehr noch: Die Rückmeldungen, was der Wert bedeutet, waren sehr unterschiedlich. Das Unternehmen beschließt daraufhin, mittels Führungskräfteschulungen diesen Wert besser zu vermitteln und die Belegschaft zu befähigen, ihn auch umzusetzen.

Ist es nicht sinnvoll anzunehmen, dass agile Transformationen zunächst im Kopf der MitarbeiterInnen beginnen? Und folglich die Belegschaft hinsichtlich dieser Werte besser zu schulen? Wo doch Werte und Glaubenssätze so eine zentrale Rolle spielen! Hier liegt die Quelle eines hochwirksamen Missverständnisses. Zumindest aus Sicht der systemischen Organisationstheorie ist ein Unternehmen nicht einfach erklärbar aus der Summe des Verhaltens und der Glaubenssätze der MitarbeiterInnen - das Ganze ist mehr (bzw. etwas anderes) als die Summe seiner Teile.[5] Die zentralen Kommunikationsmuster - die DNA einer Organisation sozusagen - bestehen weiter, auch wenn man alle Mitarbeiter über die Zeit austauscht. Die katholische Kirche hat Spielregeln, die zweitausend Jah-

5 Mehr zum systemischen Verständnis von Organisationen findet sich bei Niklas Luhmann (Luhmann, 2011) oder für Einsteiger z.B. bei Fritz B. Simon (Simon, 2010) oder Roswita Königswieser (Königswieser, 2004).

re alt sind, auch wenn die damals beteiligten Personen heute vermutlich nicht mehr im Vatikan wandeln.
Dabei können einzelne Personen zur richtigen Zeit an der richtigen Stelle natürlich einen entscheidenden Unterschied für ein Unternehmen machen. Durch das, was sie getan haben, und durch die Unternehmenslegenden, die sich um sie ranken. Berühmte Beispiele, wie Jeff Bezos bei Amazon oder Steve Jobs bei Apple, dienen immer wieder als leuchtende Beweise dafür. Nichts leichter, als diesen Effekt zu generalisieren und damit überzubewerten.

Wohl prägen die GründerInnen die DNA eines Unternehmens. Im Laufe der Zeit dreht sich das jedoch eher um: Gewachsene Unternehmen ziehen die MitarbeiterInnen an, die das Gefühl haben, ausreichend in die Organisationskultur zu passen. Es ist kein Zufall, wer sich dem Abenteuer und der Unsicherheit eines Startups anschließt, und wer sich lieber in einen etablierten Konzern mit ausgeprägten formalen Strukturen begibt. Es wäre daher ein naheliegender Umkehrtrugschluss zu meinen, man könne eine große Organisation transformieren, indem man die Glaubenssätze möglichst vieler MitarbeiterInnen ändert. Mal abgesehen von der ethischen Frage, ob ein Unternehmen das Recht hat, das Mindset seiner MitarbeiterInnen zu beeinflussen.

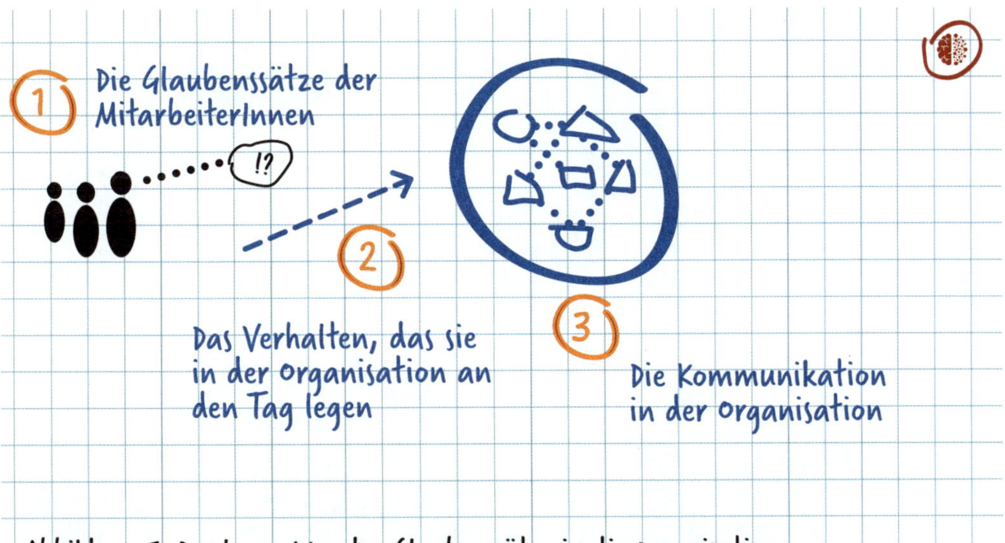

Abbildung 7: Der lange Weg der Glaubenssätze in die Organisationen

Auch falls man diese ethischen Bedenken nicht hat: allein mit Werteschulungen zu bewirken, dass eine Organisation agiler wird, ist ein mühseliger Weg. Sie müssten das Mindset der Beteiligten so beeinflussen, dass sie geschlossen und akkordiert ihr Verhalten änderten. Danach müsste etwas Wunderbares passieren, sodass sie selbstorganisiert die Spielregeln der Zusammenarbeit der

Organisation verwandelten. Erst dann hätte sich die Organisation verändert. Für große Organisationen wirkt diese Veränderungsstrategie wenig erfolgversprechend.

Wenn also das Mindset kein guter (direkter) Ansatzpunkt für Veränderung ist, wie wäre es mit der Organisationskultur? Die verspeist ja bekanntlich, wie Peter Drucker (angeblich leider nie wörtlich) gesagt hat, die Unternehmensstrategie zum Frühstück. Wenn wir Organisationskultur mal salopp als das informelle Miteinander verstehen wollen, dann ist sie Teil der Kommunikation der Organisation. Sie beschreibt das Miteinander, nicht was der Einzelne dahinter denken, glauben, fühlen mag. Sie stellt also einen anderen Ansatzpunkt als das Mindset dar. Diese Unterscheidung ist unter anderem für die Frage wichtig, wo man bei einer agilen Transformation direkt und indirekt ansetzen kann.

Exkurs: Simon, Weber & Friends (Groth, 2017) unterscheiden drei Ebenen als Ansatzpunkte für Veränderungen:

1. Die Glaubenssätze, die hinter dem Verhalten des Einzelnen stehen. Ein Glaubenssatz könnte z.B. sein „je komplexer ein Projekt ist, desto mehr Planung braucht es" oder andersherum „je komplexer ein Projekt ist, desto weniger macht Planung Sinn". Es ist nachvollziehbar, welch maßgeblichen Einfluss unsere -bewussten oder unbewussten- Glaubenssätze darauf haben, wie man an ein Projekt herangeht. Sie sind dem Menschen inhärent, nicht der Organisation.
2. Das Verhalten des Einzelnen - beeinflusst von den jeweiligen Glaubenssätzen und dem Kontext, in dem er/sie sich bewegt. Jeder Mensch verhält sich in seiner Familie, im Sportclub, in der Firma unterschiedlich, auch wenn seine Glaubenssätze dieselben sind.
3. Die Kommunikation in der Organisation. Diese ist der Organisation inhärent und nicht einfach aus dem Verhalten des Einzelnen erklärbar. Organisationen haben ihre eigenen Spielregeln, die sie über Jahrzehnte entwickelt haben und die über Generationen von MitarbeiterInnen weiterbestehen können.

Alle drei Ebenen sind miteinander verzahnt und ergeben gemeinsam eine gute Ansatzfläche für Veränderungsmaßnahmen. In agilen Transformationen können sie im Konzert bedient werden: Es kann z.B. sehr zweckmäßig sein, Führungskräften in Trainings eine Bandbreite an Möglichkeiten für partizipative Führung zu vermitteln (Arbeiten auf Ebene 2). Vor allem, wenn man gleichzeitig die Rollen und wesentlichen Entscheidungsknoten in der Organisation ändert (Arbeiten auf Ebene 3). Und das funktioniert besonders gut, wenn man sich in Workshops, Trainings, internen und externen Konferenzen oder auf ganz andere Weise zu einigen zentralen Grundannahmen ausgetauscht hat: Welchen Wert hat Planung? Kann ein Team gemeinsam Verantwortung haben oder gilt das „Highlander Prinzip": Es muss immer eine(n) geben, der/die die Letztverantwortung für ein Thema hat (Arbeiten auf Ebene 1).

Ein Schritt in Richtung agiler Kultur

Die Führung des Unternehmens Atlas lässt sich auf den Dialog mit den BeraterInnen ein. Sie erläutern, was sie mit dem unverstandenen Wert verbinden und was sie damit bezwecken wollen. Es beginnt eine Strategiediskussion, in der betrachtet wird, was sich gerade am Markt ändert (nichts Dramatisches) und was sich in nächster Zeit ändern könnte (da gehen die Meinungen ziemlich auseinander). In Phase 2 dieses Prozesses fokussiert man darauf, was in den verschiedenen Szenarien ein guter Schritt für das Unternehmen sein könnte. In einigen Bereichen ist das ein Schritt hin zu Agilität: z.B. Arbeiten mit viel Freiraum für die Teams in Innovationsprojekten mit Scrum als Methode. Auch manche neuralgische Entscheidungsprozesse werden im Sinne einer agileren Führung radikal überdacht und partizipativer gestaltet. Es wird im Zuge dieser Auseinandersetzung klar, was sich am Umfeld der (in Zukunft) agil arbeitenden Teams ändern muss, damit diese ihrem Auftrag gerecht werden können, nämlich schneller zu Innovationen zu kommen. Man diskutiert und beschließt geänderte Verfahren zu Projektbeauftragungen und deutlich unbürokratischere Wege bei Projektänderungen.

Das Unternehmen Atlas hat den Weg von der Wertediskussion (Wofür steht Agilität?) über die Strategiediskussion (Wofür brauchen wir Agilität?) hin zur praktischen Umsetzung in bestimmten Bereichen gefunden. Was Agilität genau ist, wird wohl weiterhin jeder Einzelne anders beantworten. Aber vermutlich werden alle zustimmen, dass agiles Arbeiten einen praktischen Unterschied macht.

Man könnte auch sagen, das Unternehmen Atlas hat erste Strukturen geschaffen, um agilem Arbeiten Raum zu geben.

Die Ambiguität – dein ärgster Freund

Als Führungskraft kann es einem allzu leicht passieren, das Potenzial einer Organisation zu beschränken. Zum Beispiel, indem man es auf den eigenen Vorstellungsraum reduziert. Bei meiner ersten agilen Transformation sahen wir im Führungsteam in Scrum eine Methode zur besseren Abwicklung von Projekten. Selbstorganisation und gemeinsame Verantwortung der Teams lagen außerhalb unserer Kategorien. Und wir steuerten auch gekonnt daran vorbei, dieses Potenzial zu nutzen. Die Werte, die wir festschrieben, und unsere Handlungen spiegelten unser noch recht einfaches Bild von Agilität wider. Wir waren dabei ein bisschen wie Elefanten auf der Autobahn unserer Teams. Wir dachten, wir würden den Weg frei räumen, und standen dabei manchmal eher im Weg rum. Zum Beispiel machten wir uns viele Gedanken, ob die Scrum-Rituale bei den bestehenden Teamgrößen noch effizient seien. Und wie wir die Abläufe weiter optimieren könnten. Fragen, zu deren Beantwortung uns die Teams längst nicht mehr brauchten. Unsere Vorstellung dessen, was möglich war, lag weit unter dem tatsächlichen Potenzial unserer Organisation. Es brauchte uns nicht mehr als Wegbereiter, die Teams hatten sich schon längst selbst ihren Weg gebahnt.

Ein passendes Modewort dazu ist Ambiguitätstoleranz – die Fähigkeit Mehrdeutigkeit und damit Unklarheit auszuhalten. Denn wenn man Agilität schon verstanden und in Worte gefasst hat, weshalb sollte man sie weiter erforschen? Was, wenn man einen Schritt weiter ginge und Ambiguität nicht nur als einen tolerierbaren, sondern gleich als einen freundlichen Wegbegleiter sähe? Einfach mal den Kopf ein wenig aus der eigenen, durch unsere Begriffsdefinitionen eingezäunten Denkbox strecken, und erkunden, was jenseits davon alles Wunderbares liegen könnte: Was sich z.B. hinter Agilität noch alles verbirgt, und wie dieser Begriff für das eigene Unternehmen sinnvoll gedeutet werden könnte. Was für eine Chance, einen Dialog zu starten, der zu neuen Begriffsdeutungen und neuen Sprachspielen in der Organisation führen kann!

Ambiguität als freundlichen Wegbegleiter zu sehen, wirkt im Sinne der vorgenannten Interventionsebenen nicht direkt auf die Organisation. Aber sie kann die Haltung von Führungskräften und anderen MitarbeiterInnen mit Vorbildfunktion ändern, und über diese MultiplikatorInnen helfen Veränderungen zu fördern – z.B. indem man nicht versucht sie zu verhindern. Wie ergebnisoffen man als Führungskraft an ein Thema herangeht, wird für andere spürbar, und macht auf diese Weise einen Unterschied. Mit großer Sicherheit zu sagen, „dass etwas noch unklar ist“ und „dass wir es gemeinsam herausfinden werden“, zeigt, was man den MitarbeiterInnen zutraut. Und es kann wunderbar entspannend sein, nicht den Anspruch an sich und andere zu haben, komplexe Sachverhalte sofort einordnen und benennen zu können.

Dem anderen Denken kann auch anderes Handeln folgen: z.B. anhand praktischer Erfahrungen aus Pilotprojekten zu erkennen, was es braucht, damit die aktuelle Vision von Agilität im eigenen Unternehmen funktioniert. Woher sollte man es denn auch vorab schon wissen? Und die Vision aufgrund dieser Erfahrung wieder anzupassen. Was für eine Chance auf Wandel! Und der liegt im explorativen Entdecken und dem Darüber reden, könnte man aus den agilen Prinzipien folgern.

Zusammenfassung der besonders verführerischen Fallen rund um Mindset und Kultur:

- Der wichtigste Faktor bei agilen Transformationen ist derjenige, den man am wenigsten direkt beeinflussen kann: die Kultur einer Organisation. Eine Falle wäre es daher, die Kultur einer Organisation ändern zu wollen, indem man beim Mindset (den Werten und Glaubenssätzen) der MitarbeiterInnen ansetzt. Die MitarbeiterInnen sind zwar mit der Organisation eng verbunden, aber die Organisation und ihre Kultur wehren sich zumeist erfolgreich, nur als Summe ihrer MitarbeiterInnen verstanden zu werden.
- Eine wirksame Falle wäre auch, das Neue und das Alte als unversöhnliche Gegensätze zu sehen. Das Alte weicht dem Neuen, es gibt keine Verbindungen von beidem auf höherem Niveau -so wie es Watzlawicks Nullsummenspieler sieht.
- Wenn man schon in Gegensätzen denkt, dann kann man auch gleich in die naheliegende Falle stolpern, das Neue hochzuhalten und das Alte abzuwerten. Und damit den Widerstand gegen die Veränderung kräftig zu erhöhen.

Wege, um an diesen Fallen intelligenter zu scheitern:

- Es gibt gute Ansatzpunkte, mit denen man die Kultur und das Mindset der MitarbeiterInnen indirekt gestaltbar machen kann. Man kann hilfreiche praktische Unterscheidungen, z.B. zwischen komplexen und komplizierten Vorhaben, in die Diskussion einbringen und dazu Resonanz einholen. Und auf dieser Basis gemeinsam Vermutungen anstellen, wo Agilität für das eigene Unternehmen mehr Sinn macht und wo weniger.
- Das ist umso veränderungswirksamer, je mehr diese Diskussion denkoffen geführt werden kann. Eine gut versteckte Falle wäre es hingegen, als Führungskraft zu meinen, schon verstanden zu haben, worum es bei Agilität geht - und so die Diskussion subtil in den (beschränkten) Bahnen des eigenen Vorstellungsvermögens zu halten. Hier hilft Mut zur Ambiguität: sich einfach mal überraschen lassen, welche bislang unerkannten Potenziale in dem Begriff Agilität stecken könnten.

Teams

Teil 3

Finde die beste agile Methode für deine Teams

Nach eingehender Beschäftigung mit dem Thema Agilität ist der CIO nun bereit, agile Methoden in der IT seines Unternehmens auszuprobieren. Zwei seiner Abteilungsleiter haben über Monate hinweg versucht ihn mit ihrer Begeisterung anzustecken. Er hat diesem Sturm und Drang seinen kritischen Verstand entgegengesetzt und die Risiken und Chancen abgewogen. Letztendlich ist er nun zur Einschätzung gekommen, es lohne den Versuch. Aber welche Methode sollen sie auswählen? Bald kristallisieren sich eine Kanban-Fraktion sowie mehrere Scrum-Fraktionen, die wiederum unterschiedliche Modelle skalierten Scrums favorisieren, heraus. Schließlich sind da noch die Skeptiker einer agilen Transformation. Es entbrennt eine heftige Diskussion im Führungsteam. Eine anstrengende Diskussion, die aus Sicht des CIOs auch ihr Gutes hat: ein Wettstreit der Ideen sollte doch zu einem Ausleseverfahren führen, bei dem die beste Idee gewinnt. Es vergehen weitere Monate. Konferenzen werden besucht, BeraterInnen hinzugezogen, schließlich ist es soweit: Man einigt sich auf eine Variante von Scrum und beginnt diese mit mehreren Teams zu pilotieren. Neun Monate später sind die Eindrücke durchwachsen. Der CIO hat kein klares Bild darüber, ob dies nun ein Erfolg ist oder nicht. In manchen Teams scheint es ganz gut zu funktionieren, in anderen hat er eher den Eindruck, man versuche mit viel Aufwand die MitarbeiterInnen zur neuen Arbeitsweise zu ziehen, und diese bedankten sich damit, dass sie in die andere Richtung ziehen. Ist jetzt die Methode die falsche, oder hat er die falschen MitarbeiterInnen? Was soll er tun?

Start with what

Aus Sicht eines Beraters mag es verblüffend erscheinen, wie oft ein organisatorischer Wandel gestartet wird, ohne zunächst die guten Gründe für und gegen diesen Wandel auf den Tisch zu bringen. Man sollte meinen, dass pfeifen nicht nur die Spatzen vom Dach, sondern auch erfolgreiche Autoren von Managementliteratur: „start with why", wie z.B. Simon Sinek schön plastisch empfiehlt (Sinek, 2014). Auch die systemischen Beratungsansätze streben am Anfang eines

Changeprozesses typischerweise eine gute Klärung des Kontextes einer Organisation an und forschen nach den offenen und verborgenen Triebfedern von Veränderung (und Nicht-Veränderung). In diesem Klärungsprozess liegt ordentlich Veränderungsschmalz: Er ist Teil einer Diagnosephase, in der „Kulturelemente als solche wahrnehmbar gemacht werden, und das bietet die Basis für Hypothesenbildungen und Interventionen bezüglich des weiteren Verlaufs des Veränderungsprozesses" (Königswieser, 2002). Anders ausgedrückt: In diesem Dialog steckt die Chance für eine Organisation, viel über sich selbst zu lernen. Über die eigenen Motive der (Nicht-)Veränderung, aber auch über die Art, wie man miteinander kommuniziert.

Aus Sicht der Führungskraft hingegen kann es einem leicht passieren, diese wichtige Auseinandersetzung nur oberflächlich zu streifen: Als ich mit agilem Arbeiten begann, sah ich zunächst nur das „was". Das „wozu" schien mir in ein paar Sätzen ausreichend geklärt: „time to market", „schneller auf die Bedürfnisse von Kunden reagieren"- das sagt doch schon alles! Tut es aber nicht. Führungskräfte, mit denen ich arbeite, scheint es oft ähnlich zu gehen. Wir sind in unserem Denken, vor allem wenn wir aus technischen oder naturwissenschaftlichen Ausbildungen kommen, darauf gepolt, das Implizite auszublenden. Wir wollen greifbare Veränderungen, messbare Ergebnisse. Und die soziale Dimension der Veränderung oder die strategischen Auswirkungen auf das Unternehmen sind nun mal nebulöser als Änderungen in Organigrammen und Prozessen. Die Frage ist: Welchen Unterschied könnte es machen, wenn man in diesen Nebel eintaucht – wenn man sich auf die Diskussion einlässt, was hinter der eigenen Erwartung an das Glücksversprechen Agilität wirklich steckt; wenn am Anfang der Reise Führungskräfte und Belegschaft den Zweck der Veränderung gut verstanden haben: Was treibt uns dazu, uns zu verändern? Was ist unsere Strategie dort hinzukommen?

David Marquet schildert in seinem Buch „Turn the Ship Around" (Marquet, 2013) eindrucksvoll, wie das selbst im Hochsicherheitsbereich eines nuklear angetriebenen U-Boots funktionieren kann: die Veränderung, die beginnt, wenn man statt Prozessvorgaben zu machen, den Zweck erklärt, der hinter einer Regel steht. Kombiniert mit einer Änderung der Befehlsstrukturen gelingt Marquet auf diese Weise eine starke positive Umkehr des Schiffs in so ziemlich allen Belangen. Weg davon, alle heißen Bälle möglichst nach oben zu spielen, bis der Kapitän 24/7 beschäftigt ist, damit zu jonglieren. Hin zu einer Ermächtigung, Aufgaben dort zu lösen, wo die Kompetenz dafür liegt: auf der Arbeitsebene, in den Teams. Wohlgemerkt bei den Teams, nicht den einzelnen Besatzungsmitgliedern. Mit dem Effekt, dass das U-Boot vom Klassenletzten zum Star der Pazifikflotte avancierte, und zwar von der Zufriedenheit der Crew, der Reaktorsicherheit bis hin zu taktischer Exzellenz.

Ähnliche Erfahrungen machen Manager bei agilen Transformationen: wie wunderbar, wenn man sich nicht mehr aufbürdet, für den komplexen Mikadohaufen einer Organisation alle Stäbchen selbst passend zu richten. Sondern sich stattdessen fragt, was brauchen denn die Stäbchen, um selbst an die passende Stelle zu fallen. Den Zweck einer Veränderung gut zu (er)klären, kann ein hervorragender Start sein.

Eine überzeugende Vision vermitteln

Der Bereichsleiterin ist klar, dass sie den MitarbeiterInnen eine starke Botschaft senden muss, warum jetzt in Zukunft nach Kanban gearbeitet werden soll. Als Rahmen dafür dient ein moderierter Großgruppenworkshop. Sie ist bereit für ihre kurze Ansprache. Sie hat sich gut vorbereitet. Präsentieren liegt ihr zwar nicht im Blut, aber sie hat sich im Laufe ihrer Karriere Mittel und Wege angeeignet, komplexe Sachverhalte kurz und bündig darzustellen. Sie bringt eingangs einen kleinen Eisbrecher und führt dann den Ist-Zustand aus. Daraufhin stellt sie die Zukunftsvision vor. Sie stellt das anhand einer Folie dar, auf der sie extra am Abend vorher das Zielbild der neuen Zusammenarbeit skizziert hatte. Die Grafik ist ihr gut gelungen, findet sie. Die Information ist kompakt und mit netten Symbolen illustriert. Die wenigen Fragen beantwortet sie eloquent. Sie hat das Gefühl, einen guten Job gemacht zu haben, und verlässt nach knappen 45 Minuten zufrieden den Raum. Danach definieren die MitarbeiterInnen, angeleitet durch Coaches, gemeinsam die Details der neuen Arbeitsweise. Im Laufe der nächsten vier Monate erkennt die Bereichsleiterin jedoch, dass sich die Dinge zunehmend in eine ganz andere Richtung entwickeln, als sie intendierte. Bei den folgenden Gesprächen mit ihren AbteilungsleiterInnen und SchlüsselspielerInnen stellt sie fest, dass von ihrer Ansprache zwar noch einige der netten Symbole in Erinnerung sind, aber das Ziel kaum mehr bekannt ist. Bei genauerem Nachfragen hört sie das kolportierte Gerücht, das Ganze sei „doch sowieso nur die nächste Sau, die das Management durchs Dorf treibt".

Jetzt könnte man argumentieren, diese Führungskraft habe nicht klar und überzeugend genug kommuniziert. Und vielleicht hätte eine noch überzeugendere Ansprache einen Unterschied gemacht. Zumindest kurzfristig. Schließlich wird es immer wieder als eine Qualität von Führungskräften verstanden, eine glaubwürdige Vision zu vermitteln. Die Frage ist: Wie lange wirkt die Glaubwürdigkeit einer Vision, die nur auf einem guten Narrativ fußt? Würden Führungskräfte es überhaupt merken, wenn ihre MitarbeiterInnen von dieser Ansprache nicht abgeholt werden? Und wie reagieren die MitarbeiterInnen, wenn die Wirkung dieser Kommunikation vorbei ist und ihre Alltagsprobleme nicht weniger geworden sind? Das Bild des heroischen Managers, der voranschreitet, „to boldly go, where no one has gone before", und dem Dank seines Charismas (fast) alle folgen, hat möglicherweise auch eine Schattenseite: MitarbeiterInnen werden weiterhin nicht (ernsthaft) zum Mitdenken eingeladen.

Ein naheliegender Schluss wäre nun, die Belegschaft besser einzubinden - indem VertreterInnen der Teams auch an der Strategieentwicklung mitwirken. Weg vom „überzeugend ansagen" hin zum „mehr einbinden". Ein guter alter Gedanke. Dieser Ansatz verträgt sich auch gut mit einem humanistischen Menschenbild, das davon ausgeht, dass man im Grunde mündige und konstruktive MitarbeiterInnen hat. Und dem Verständnis, dass eine agile Veränderung ein komplexes Vorhaben ist, das sich am besten nach den agilen Prinzipien gestalten lässt: als Teamsport.

Doch auch hier steckt ein Paradoxon, wie Thomas Schumacher und Rudi Wimmer ausführen: „Es muss nämlich unsichtbar bleiben, dass die Selbstorganisation (im tradierten normativen Verständnis) im Kontext einer Organisation stets akzeptierte, außer Streit gestellte Autoritätsfiguren (z.B. Gründer) benötigt, unter deren schützenden und ermöglichenden Einfluss sich teamförmige, sich selbst steuernde Formen der Arbeitsorganisation erst entfalten und stabilisieren können." (Schumacher, 2019). Das heißt, es braucht Autoritätsfiguren, um Teams zu mehr Selbstorganisation zu führen. Aber das kann man sich nicht so recht eingestehen - Autoritätsfiguren passen nicht zu der Idee von mehr Eigenverantwortung und Selbstorganisation.

Ein schönes Paradoxon! Und ein auf den zweiten Blick durchaus nachvollziehbares: Der Grad an Mündigkeit der MitarbeiterInnen, die ein partizipativer Ansatz wie der Umstieg auf agiles Arbeiten erforderlich macht, ist am Anfang einer Veränderung meist noch nicht gegeben. Eigenverantwortung erfordert Reife. Sich ohne hierarchische Vorgaben als Team selbst zu organisieren noch mehr. Was kann das für eine Zumutung sein, plötzlich nicht mehr die vertraute Orientierung der Leitplanken zu haben! Niemand, der einem sagt, wie man zu arbeiten hat- und den man dafür schätzen und verfluchen kann. Und das nicht etwa, weil die Menschen von ihrem Wesen her nicht dazu geneigt oder in der Lage wären. Vielmehr weil die Sozialisierung im Unternehmen sie auf andere Beziehungen zwischen MitarbeiterInnen und Führungskräften geeicht hat.

Dieses Paradoxon wird in agilen Transformationen manchmal gelöst, indem am Anfang eine Führungskraft oder ein anerkannter externer Berater steht, der die neue Welt verkündet („Seid mehr selbstorganisiert!") - und dabei oft auch die alte Welt abwertet. Die Hierarchie wird also erst mal durch etwas ersetzt, das man „Expertokratie" nennen könnte. Agilität als Fortsetzung der (Selbst-) Entmächtigung mit anderen Mitteln, könnte man auch meinen. Das lässt sich (wenn überhaupt) wohl nur ernsthaft argumentieren, wenn man es als Zwischenschritt zu einer ehrlicheren Form der Mitarbeiterermächtigung sieht.

Egal wie man es angeht, eine Kernfrage agiler Transformationen bleibt: Was kann dazu führen, dass die MitarbeiterInnen stärker an die eigene Verantwortung glauben und sie auch wahrnehmen? Welche Musterunterbrechung und Musteraktivierung kann dabei helfen? Das Schöne dabei ist: Hier besteht Handlungsspielraum, inhaltlich wie zeitlich. Man kann in kleineren oder größeren Schritten Änderungen probieren. Und man kann dabei mehr oder weniger über die Bande von Autoritätsfiguren spielen.

Es lohnt sich, Selbstorganisation nicht als eine binäre Frage zu sehen, auch wenn das agile Manifest das zu suggerieren scheint: „Die besten Ergebnisse kommen von sich selbstorganisierenden Teams." Die Aussage macht logisch nur dann Sinn, wenn es auch sich nicht selbstorganisierende Teams gibt. Eine Vorstellung, die ein wenig mit der Realität kollidiert: In jeder Organisation gibt es Raum für Selbstorganisation. Auch in der striktesten Hierarchie lässt sich das Geschehen nur scheinbar vollständig kontrollieren, vieles läuft auch hier ungesteuert ab. Hilfreicher ist daher die Frage, welchen Grad an Selbstorganisation ein Team oder eine Organisationseinheit hat. Und welchen Grad es im nächsten Schritt haben könnte, um noch besser aufspielen zu können.

Gute Ansatzpunkte dazu bietet das Modell von Glenda Eoyang, wie in Abbildung 8 gezeigt (Eoyang, 2016). Es sieht jedes System als per se selbstorganisiert an – mit höchst unterschiedlichen Freiheitsgraden.

1. Container
Eine Solidarische Landwirtschaft (auch unter CSA, d.h. community-supported agriculture bekannt) beispielsweise hat de jure viele Freiheitsgrade zu entscheiden, wer was wann tut. Einen (mitunter engen) Rahmen setzen die Gesetze der Natur, die Jahreszeiten und die knappen Ressourcen. Eine Militäreinheit hingegen hat de jure und de facto wenig Freiheitsgrade, aber vermutlich immerhin noch die Chance selbstorganisiert zu entscheiden, wer wann in den Waschraum geht. In Organisationen ist dieser Rahmen (Glenda Eoyang nennt ihn „container") beeinflussbar: Über ihn lässt sich der Grad an Autonomie steuern, den ein Team oder eine Organisationseinheit hat. Diesen Rahmen angemessen zu setzen, wird zur wesentlichen Führungsaufgabe in einer agilen Welt. Makromanagement statt Mikromanagement könnte man dazu sagen, oder auch Organisation der Selbstorganisation: Die Führungskraft wird zum Gärtner, die den Rahmen schafft, damit Pflanzen gut gedeihen. Sie versucht nicht jede Pflanze einzeln zu steuern (Pflanzen lassen sich auch schlecht wachsen). Ein Zuviel an Freiheitsgraden merkt man daran, so Glenda Eoyang, dass die Zustände chaotisch werden. Es entsteht Wildwuchs im Garten. Ein zu enger Rahmen hingegen

bewirkt Rückmeldungen vom Team, dass es sich zu eingeschränkt fühlt. Die Pflanzen sind in ihrem Wachstum beschränkt.

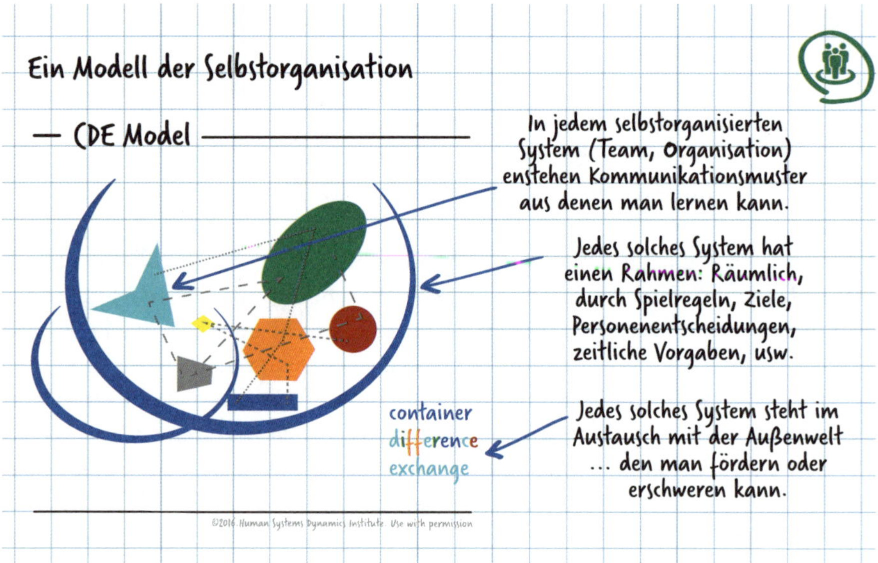

Abbildung 8:
Das CDE-Modell, Container, Differences, Exchanges (Eoyang, 2016)

2. Differences

Ein weiterer praktischer Ansatzpunkt des CDE-Modells sind die „differences“: Dabei werden die Muster, die unweigerlich in jedem sozialen System entstehen, auf Unterschiede geprüft. Z.B.: „Was war in der letzten Etappe anders? Was davon war hilfreich für uns?“ Das entspricht einem Coaching-Denken in der Tradition wie sie z.B. Steve de Shazer vertreten hat (De Shazer, 1991): Die Suche nach Unterschieden, die einen Unterschied machen. Das ermöglicht es, das Team aus einer inhaltlich neutralen Position zu coachen. Die Aufgabe des Coaches kann in Scrum bis zu einem gewissen Grad der Scrum Master wahrnehmen, oder eine ähnlich gestrickte Rolle des „Teamfacilitators“ in Ansätzen wie Kanban.

3. Exchanges

Dritter Ansatzpunkt ist der Austausch mit anderen: Nicht jedes Team einer Organisation muss die Lernkurve bei Null beginnen, man kann auch aus den Erkenntnissen anderer Inspirationen beziehen. Zudem kann sich jede Organisation mehr oder weniger durch Input von außen hilfreich irritieren lassen. Dieser Austausch ist zum Teil selbstorganisiert, aber durch die Führung einer Organisation beeinflussbar: Man kann ihn fördern oder erschweren.

Verführerische Fallen für Methoden-Liebhaber:

- Eine Möglichkeit gründlich an der Agilität vorbeizufahren, kann darin bestehen, den Leitsatz „Individuen und Interaktionen sind wichtiger als Prozesse und Tools" umzudrehen. Z.B. indem man Agilität als Tool missversteht, das Prozesse verbessert. Prozessverbesserungen können einem zwar mit agilem Arbeiten auch passieren, aber der Kern von Agilität liegt mehr in der Interaktion gut eingespielter Teams. Und die entsteht nicht von selbst.
- Leicht kann man auch in die Falle stolpern, den Zweck, der hinter dem Zauberwort Agilität steckt, als einfach erklärbar anzusehen. Das ist nämlich u.U. gar nicht so einfach, da der Begriff mit vielen unterschiedlichen Stereotypen und Meinungen behaftet ist. Den Zweck, wozu man Agilität braucht, gilt es daher immer wieder zu überprüfen.
- Eine elegante Form des Scheiterns bietet der Irrglaube, man könne in einer hierarchischen Organisation Agilität durch Überzeugungsarbeit „einführen". Das haut nicht hin – die Organisation ist viel zu gut darin, den Veränderungswillen ihrer Führungskräfte an sich abtröpfeln zu lassen. Leider funktioniert aber auch der entgegengesetzte Ansatz nicht ohne Weiteres: die MitarbeiterInnen selbst herausfinden zu lassen, was sie mit Agilität anfangen wollen. Dieser Grad an Empowerment wäre eine Überforderung, als wollte man mit einem kalten Motor gleich Vollgas fahren.

Wege, um an diesen Fallen intelligenter zu scheitern:

- Man kann über die Zeit und in verschiedenen Organisationeinheiten verschiedene Grade an Autonomie ausprobieren. So kann man Teams den Raum – inklusive Irritationen und Anregungen von außen – geben, um sie ein autonomeres Arbeiten entwickeln zu lassen. Hilfreich dabei ist das Modell zur Selbstorganisation von Glenda Eoyang.

Die Weisheit der Gruppe

Sophia freut sich auf ihre neue Aufgabe. Sie darf als agiler Coach wieder mal ein neues Team begleiten. Das fühlt sich wohltuend aufregend an. Das Team ist noch nicht allzu lange zusammen, eigentlich ist die organisatorische Konstellation insgesamt ziemlich neu. Als Methode wurde Scrum gewählt, denn schließlich will man ja schnell zu Ergebnissen kommen. Für viele in der Firma ist diese Art zu arbeiten Neuland. Auch das Umfeld hat sich jüngst verändert, der Bereich hat sich neu aufgestellt. Das Ganze wirkt auf Sophia ein bisschen wie ein Experiment. Und zwar ein wichtiges Experiment, auf das die Manager mit Argusaugen schauen. Insofern hat man sich redlich bemüht gute Leute zu finden, sowohl interne wie auch externe MitarbeiterInnen. Da sollte sie, dank ihrer mittlerweile doch recht reichen Erfahrung mit agilem Arbeiten, etwas beitragen können. Der Kickoff fand schon vor ihrem Einsatz statt, das Team ist schon an der Arbeit.

Sophia steigt mit einer Planungssession ein, und moderiert fortan die laufenden Scrum-Rituale. Das funktioniert soweit ganz gut, die Ergebnisse stimmen, die Termine werden eingehalten und die Leute sind alle sehr freundlich untereinander. Doch irgendwas fühlt sich für Sophia schal an, auch wenn sie es nicht genau benennen kann. Die Arbeit schreitet voran. Die ersten Teilergebnisse werden Sprint für Sprint geliefert. Das Team bleibt dabei aber in respektvoller Unverbindlichkeit zueinander. Dieses Gefühl des engagierten Miteinanders, des „einer für alle, alle für einen", dass sie aus anderen Teams kennt, will sich nicht so recht einstellen. Außerdem bekommt sie immer mehr Widerstand gegen ihre Moderation zu spüren. Wenn sie eine neue Methode, zum Beispiel für Retrospektiven, vorschlägt, wird das mehrheitlich abgelehnt. Was ja irgendwie ok wäre, wenn das Team für sich entscheidet, dass die alten Methoden besser waren. Aber sie hat zunehmend das Gefühl, dass es egal ist, was sie einbringt, es wird einfach alles abgelehnt. Dabei sind das doch alles gut begründete Vorschläge!

Die Lage spitzt sich zu. Der Druck von außen ist gestiegen und das Team stellt mittlerweile viele Scrum Meetings in Frage. Wozu Zeit mit einer Retrospektive verschwenden, wenn doch so viel Arbeit anliegt. Was ja irgendwie gut ist – Selbstorganisation und so – aber Sophia fühlt sich in aller Freundlichkeit in ihrer Beraterinnenrolle gar nicht mehr ernst genommen. Ihre Vorschläge stoßen auf taube Ohren. Sie fühlt sich wie in eine Zuckerwatte voller Freundlichkeit gepackt und zugleich stillschweigend abgelehnt. Und parallel dazu wird gerade Scrum, mit den angeblichen zeitraubenden Ritualen, vor ihren Augen demontiert. Es scheint, als würde Scrum für die zu langsamen Liefe-

rungen verantwortlich gemacht und sie als agiler Coach gleich mit dazu. Sie merkt, sie hat keinen wirklichen Boden mehr unter den Füßen und beschließt nach längerem innerem Ringen, von sich aus das Team zu wechseln. Mit der höchst diplomatischen und ebenso dubiosen Begründung, das Team brauche in der Phase keinen agilen Coach mehr. Schließlich will sie sich nicht die Finger verbrennen und die wahren Gründe thematisieren.

Sophia hat eigentlich alles richtiggemacht, sollte man meinen. Sie hat doch vorbildlich alle ihre Pflichten als agiler Coach erfüllt. Zumindest auf der Sachebene, also in der Vermittlung der agilen Methoden, in der Anwendung der Moderationstechniken usw. Und auf dieser Ebene wird man ja auch primär als Scrum Masterin oder agiler Coach ausgebildet.

Was also ist passiert? Dazu bieten sich spannende Blickwinkel an, zum Beispiel:
- Was wäre wohl passiert, wenn Sophie länger im Team geblieben wäre?
- Welche Dynamik herrschte da gerade im Team, und welche Funktion hat Sophia dabei eingenommen?
- Welche Rolle hat der organisatorische Kontext des Teams gespielt - also der „Container“ nach Glenda Eoyang?
- Und schließlich: Was hätte Sophia anders machen können?

Nachdem das Phänomen das ganze Team betraf, liegt es nahe, diese Fragen aus der Sicht der Gruppendynamik zu betrachten. Dazu gibt es mehrere Modelle, die helfen zu verstehen, was sich unter der Wasseroberfläche eines Teams abspielt. So erklärt das Modell von Raoul Schindler (Schindler, 1957) die Dynamik von Rangpositionierungen. Welches Wechselspiel gibt es zwischen Führungsfunktion (Alpha), seinen/ihren UnterstützerInnen (Betas und Gammas) und der internen Opposition (Omega)? Interne Dissonanzen werden von der Omegafunktion offen ausgesprochen. Das ist eine wichtige Dienstleistung an die Gruppe. Sie schafft es, innere Spannungen ins Gespräch zu bringen und damit behandelbar zu machen. Eine innere Spannung könnte zum Beispiel aus dem Bedürfnis entstehen, den Erwartungen von außen gerecht zu werden, und der zunehmenden Unmöglichkeit, das in der vorgegebenen Zeit zu schaffen. In vielen Teams lässt sich die Spannung verbalisieren. So können Auswege gefunden werden: Zum Beispiel indem man Hindernisse wegräumt, um ein leichteres Arbeiten zu ermöglichen und/oder indem man mit den Stakeholdern ein realistischeres Erwartungsmanagement vereinbart. Oder sich einmal gemeinsam die Spannung von der Seele raunzt und dann weiterarbeitet und schaut, was der nächste Tag bringt.[6]

6 Es gibt wirklich zu ziemlich jedem Thema eine Moderationsmethode, selbst für den Frust: Die Methode nennt sich „Jammern“ und besteht einfach darin, dass man 2-5 Minuten laut kollektiv die Genervtheit non-verbal rauslässt, durch Stöhnen, Jammern, ...

Was aber, wenn gar kein Widerstand innerhalb des Teams auftritt? Wenn keiner die Omegarolle einnimmt? Wenn jede Kontroverse in einer „Zuckerwatte“ an Harmonie verschwindet? Hier hilft ein anderes Modell, um zu verstehen, welches Spiel hier möglicherweise gespielt wird: die gruppendynamischen Muster nach Fritz B. Simon. Im Fall von Sophias Team könnte es ein sogenanntes „(Pseudo-)Harmoniemuster“ geben. Das beschreibt „eine Beziehungsform, in der freundliches Verhalten und eine betont harmonische Interaktion die (ihres Erachtens) jeweils subjektive Funktion hat, feindselige Gefühle dem anderen gegenüber auszugleichen und zu neutralisieren“ (Simon, 1993).[7] Anders ausgedrückt: Hier trauen sich Teammitglieder nicht, Widerspruch im Team zu zeigen oder gar einen Konflikt zu riskieren. Umso leichter fällt es ihnen, ihren Widerstand gegen Außenstehende zu kanalisieren: der frisch hinzugekommene Coach von einer anderen Abteilung, die Methode Scrum oder auch ein externer Trainer. Alles wunderbare externe Feindbilder. Genährt wird dieses (Pseudo-)Harmoniemuster typischerweise von Angst oder starker Unsicherheit, die die Teammitglieder überfordert. Eine Unsicherheit, die oft aus dem Umfeld kommt, wie zum Beispiel instabile organisatorische Rahmenbedingungen in Verbindung mit starken Erwartungen: ein Umfeld, das viel Druck und wenig Stütze bietet.

Ansatzpunkte es besser zu machen, liegen also darin, das Umfeld (den „Container“) zu ändern. Inwieweit einem das als Coach gelingen kann, wird bereits maßgeblich in der Auftragsklärung festlegt:
- Wen unterstützt Sophia? Nur das Team? Oder sieht auch das Management Bedarf, laufend zu reflektieren, wie es dem Projekt geht?
- Was glaubt das Management beitragen zu können?
- Inwieweit will sich das Management dabei beraten lassen?

Wenn Sophia nur geholt wurde, um das Team zu unterstützen, dann ist ihr Handlungsspielraum stark eingeschränkt. Eine Möglichkeit, die ihr dann noch bleibt, mit der Zuckerwatte der Pseudo-Harmonie zu arbeiten, ist die paradoxe Intervention: das Gegenteil dessen zu tun, wofür ein agiler Coach typischerweise steht - anstatt die Veränderung voranzutreiben, Anwalt der Nichtveränderung zu werden. So kann er dem Team Verlässlichkeit und Stabilität bieten und verbreitet nicht noch mehr Unsicherheit durch unvertraute neue Methoden. Die Spannungen, die unter der Oberfläche gären, können in diesem sichereren Rahmen mit der Zeit eher ans Tageslicht kommen – ohne dass der Coach dafür als Blitzableiter dienen muss.

---

7 Fritz B. Simon hat diese Muster zunächst auf Familienbeziehungen und später auf allgemeine Phänomene der Gruppendynamik, z.B. in Arbeitsteams, übertragen. Im Falle des (Pseudo-)Harmoniemusters bezieht er sich auf den ursprünglichen Begriff der „Pseudogemeinschaft“ von L.C. Wynne et al. 1958 (Wynne, 1958).

Der Kontext eines Teams ist also ein entscheidender Faktor, wie sich das Team entfalten kann, aber auch dafür, wie eine agile Methode und ein Coach wirken können. „Context is everything", könnte man nur wenig überspitzt sagen. Das Verstehen von Gruppendynamik ist dabei ein wichtiger Schlüssel, um das Verhalten eines Teams im jeweiligen Kontext, also im „container", besser einschätzen zu können.

- Welche Spannungen lassen sich innerhalb des Teams bearbeiten, z.B. durch die Reflexion der Kommunikationsmuster? („Was hätte im letzten Sprint einen wesentlichen Unterschied gemacht? Was können wir daraus für den nächsten Sprint mitnehmen?")
- Wo gilt es am Rahmen anzusetzen, also den „Container" der Selbstorganisation zu ändern?

Eine Ausbildung zum agilen Coach, Scrum Master oder Teamfacilitator, die ohne Gruppendynamik auszukommen glaubt, bietet somit viele verführerische Fallen. Das ist etwa so, als würde man ohne Sonar in See stechen. Das kann gut gehen, solange man auf dem offenen Ozean unterwegs ist. Und plötzlich läuft man ohne jedes Vorzeichen auf Grund.

Wenn man zu mehr Selbstorganisation führen will, sollte man aufhören, Teams managen zu wollen. Man sollte sich stattdessen lieber damit beschäftigen, den „Container", in dem sich das Team bewegt, sorgsam zu gestalten. Dabei geht es immer wieder um ganz praktische Punkte, die einen großen Unterschied machen:

- eine klare Zielsetzung, wofür das Team steht, z.B. in Form einer (Produkt-) Vision,
- Teammitglieder, die hinter diesem Ziel stehen und ausreichende Kapazitäten für diese Zielsetzung mitbringen,
- die passende Zusammenstellung der Teammitglieder sowohl hinsichtlich Hard Skills als auch sozialer Fähigkeiten,
- angenehme Räumlichkeiten, in denen das Team (wenn möglich alle gemeinsam an einem Ort) fokussiert arbeiten kann,
- interne Begleitung durch einen Agilen Coach, Scrum Master o.ä., der/die in agilen Methoden wie auch Gruppendynamik versiert ist,
- die (Nicht-)Vorgabe der Methode: Je reifer das Team ist, desto mehr kann es die Methodik selbst wählen, die es braucht, um das Ziel zu erreichen,
- Unterstützung von außen, wenn sie angefragt wird („management as a resource").

Die vergessene Macht der Rituale

Im Projektbüro ist es völlig still, während Urs den Werkzeugkasten öffnet. Er ordnet in aller Ruhe die verschiedenen Spezialwerkzeuge, die für die Herstellung der hochspezialisierten Prototypen notwendig sind. Nur wenige Teammitglieder sind zu sehen. Die wenigen, die sich eingefunden haben, schauen schweigend und mit ernster Miene zu. Das Team hat den letzten internen Wettbewerb im Konzern verloren, ihre Produktidee wurde nicht angenommen. Urs nimmt vier Drehmomentschlüssel, die eine zentrale Rolle bei der Erstellung des Prototypen gespielt haben, in die Hand. Er testet jeden genau darauf, ob er funktioniert, reinigt ihn und legt ihn in die Werkzeugkiste zurück. Es ist so still, dass man eine Stecknadel würde fallen hören. Dann nimmt er die Holztäfelchen mit den Namen aller Teammitglieder, die für das Taskboard verwendet werden. Er betrachtet sie einzeln und ersetzt dann diejenigen Täfelchen, die durch den Gebrauch schon abgenützt sind, durch neue. Dann legt er alle ordentlich in einer Reihe auf. Urs sieht sich den Raum an, die Werkzeugkiste, das Taskboard, die Namenssticker. Zuletzt blickt er in die Gesichter der Teammitglieder, die jetzt ein Stück weit gelöster wirken. Alles ist an seinem Platz und bereit für den nächsten Einsatz. Es ist gut so, wie es ist. Urs verlässt den Raum.

Diese Geschichte hat sich wohl in keiner Firma tatsächlich abgespielt. Schade eigentlich. Denn der Homo sapiens hat vor der Industrialisierung über eine Vielfalt von Ritualen sozialen Zusammenhalt erfahren. Auf diese Weise konnte man Freude teilen und verstärken und schwierige Situationen leichter meistern. Wie im vorliegenden Fall, um nach einer Niederlage wieder den Glauben an die eigene (Schaffens-)Kraft herzustellen. Die obige Geschichte ist eine frei in die Gegenwart übersetzte Zeremonie der Cheyenne,[8] die nach nach Niederlagen oder Hungersnöten durchgeführt wurde, um den Waffen wieder Kraft zu verleihen.

In der industrialisierten Gesellschaft verlassen wir uns in so einem Fall eher auf Analysen, Nachbesprechungen, Manöverkritik. Aber spielt sich die Verarbeitung einer Niederlage nur im Kopf ab? Was braucht ein Team, um nach einer Projektniederlage wieder neuen Mut zu schöpfen? Was braucht es, um an Erfolgen wie auch Misserfolgen zu wachsen? Und aus beidem nachhaltig zu lernen?

Organisationen sind gut darin, das gemeinsame Funktionieren zu sichern. Aber sorgen wir auch ausreichend für unseren sozialen Zusammenhalt? Geben wir

8 Die Geschichte basiert auf der überlieferten Zauberpfeil-Zeremonie (Stiebritz, 2007). Über das Leben der Cheyenne, oder Tsitsistas - wie sie sich selbst nennen, hat auch George Bird Grinnell einen ausführlichen Erfahrungsbericht verfasst. Er war von 1890 an viele Jahre Gast des Stammes (Grinnell, 1923).

dem Einzelnen einen guten Rahmen, um die Erfahrungen des Arbeitsalltags zu verarbeiten und möglichst gestärkt aus Niederlagen hervorzugehen?

Man kann Organisationen nicht nur als Funktionseinheiten verstehen, sondern auch als soziale Systeme, die aus dem Spiel entstanden sind. Huizinga erläutert in seinem vielzitierten „Homo ludens“ (Huizinga, 1938), wie Rituale und Spiele über Jahrtausende unseren sozialen Zusammenhalt und das gemeinsame Lernen ermöglicht haben. Aus dieser Perspektive kann man die Stärkung von Ritualen als Möglichkeit sehen, sozialen Zusammenhalt und organisatorisches Lernen zu fördern (Lackner, 2019). Um der Logik Huizingas zu folgen, liegt es nahe, das genau auf dem Wege zu tun, der uns am leichtesten fällt: spielerisch. Agile Methoden bringen dabei schon einen Baukasten an Ritualen mit, um „Individuen und deren Interaktionen zu fördern", wie es im agilen Manifest so schön heißt. So kann man mit dem durch die Extreme Programming (XP) Methode eingeführten Pair Programming gleich mehrere Ziele erreichen: ein besseres persönliches Kennenlernen, ein voneinander Lernen und eine höhere Softwarequalität durch ein ständiges Vier-Augen-Prinzip.

Auch Scrum bringt viele Rituale mit, um für einen guten Informationsfluss im Team zu sorgen: So steht das Team jeden Tag beim Daily Standup 15 Minuten im Halbkreis um das Taskboard. Allein dieses Setting schafft schon eine klare Struktur der Aufmerksamkeit zueinander und auf die gemeinsame Aufgabe hin. Man sieht sich persönlich, erledigte Tasks werden vor aller Augen symbolträchtig von der Spalte „in Arbeit" auf „erledigt" gehängt. Es ist dabei keineswegs verboten sich öffentlich freuen, z.B. wenn man eine schwierige Aufgabe endlich erledigt hat (Juhu!). Die Mischung vom Artefakt des Taskboards und dem Ritual des Daily Standups kann eine stark verbindende und identitätsstiftende Wirkung in einem Team erzielen. Der Scrum Coach Tobias Mayer spricht vom Taskboard eines agilen Teams sogar als „big visible marker of our progress and of our character. It proclaims who we are as a team. It is our identity" (Mayer, 2013).

Eine gute Falle wäre es jetzt, ein Pair Programming oder ein Daily Standup einfach nur funktionell als Informationsaustausch zu sehen. Das wäre ja auch höchst bequem, denn dann ließen sich diese "Termine" ohne Einbußen mit einer schnellen Internetverbindung und den passenden Tools lösen: Man trifft sich in einer Konferenzschaltung und jeder sieht auf seinem eigenen Monitor das elektronische Taskboard. Nun gibt es viele Gründe, die es manchmal notwendig machen, dass Teams von verschiedenen Standorten aus zusammenarbeiten. Die Falle besteht darin, die soziale Dimension zu übersehen. Beides, sowohl der soziale Wert der gemeinsamen Rituale vor Ort als auch praktische Notwendigkeiten, die dem entgegenstehen, sind zu respektieren. Gemeinsam ergeben sie ein Spannungsfeld, das es auszubalancieren gilt. Und es gibt keinen guten Grund anzunehmen, dass man agiler wird, wenn sich diese Balance nicht zugunsten von mehr direkter Kommunikation im ganzen Team ändert. „The most efficient and effective method of conveying information to and within a development team is face-to-face conversation", wie es das agile Manifest postuliert.

Eine weitere Falle wäre es, sich darauf zu verlassen, dass die agilen Methoden schon an alle Rituale gedacht haben, die man in der eigenen Organisation braucht. Das wäre wahrlich prophetisch, wenn die Scrum-Erfinder Jeff Sutherland und Ken Schwaber oder Kanban-Erfinder David Anderson schon genau gewusst hätten, was der soziale Bedarf aller Organisationen sein wird!

Verführerische Fallen für alle, die gerne die soziale Ebene ausblenden:

- Wenn man sich auf Methoden fokussiert, kann man leicht übersehen, was sich unterhalb der Spitze des Eisbergs abspielt, z.B. die Gruppendynamik. Sie zu ignorieren, kann einem wilde Überraschungen bescheren.
- Rituale können Gruppen helfen soziale Bindung zu stärken, Vertrauen aufzubauen und leichter voneinander zu lernen. Das kann man gut unterbinden, indem man bei den bewährten alten Meetingstrukturen bleibt - am besten mit unpersönlicher Kommunikation über Telefonkonferenzen.

Wege, um an diesen Fallen intelligenter zu scheitern:

- Hilfreich ist es, sich ernsthaft mit Gruppendynamik auseinanderzusetzen. Dazu gibt es sowohl gute Modelle, z.B. von Raoul Schindler (Schindler, 1957) oder Fritz B. Simon (Simon, 1993), als auch gute Selbsterfahrungsmöglichkeiten in Trainings. Außerdem gibt es spielerische Ansätze wie okhíyA (Bareck, 2016), um die eigene Zusammenarbeit im Team zu reflektieren und Rituale zu finden, mit denen sich das Miteinander leichtfüßiger gestalten lässt.

Die agile Organisation

Teil 4

Die beste Strategiediskussion ist eine, die man vermeidet

Es scheint alles darauf hinauszulaufen, dass man bei einer agilen Transformation an einer ernsthaften Strategiediskussion nicht vorbeikommt: „Wozu wollen wir agiler werden?" Wie sonst kommt man zu einer neuen Vision der Zusammenarbeit, die ausreichend Rückhalt in der Organisation hat? Aber will man diese Diskussion wirklich führen? Schließlich ist es wohl unvermeidlich, sich mit zentralen Spannungsfeldern neu auseinanderzusetzen. Da gibt es so einige Themen, die in agilen Transformationen typischerweise wieder auf den Tisch kommen.

- **Die Interessen des Einzelnen vs. die Interessen des Teams:** Agil ist mehr Teamsport als Einzelkampf, aber die Interessen der Individuen bestehen natürlich weiter, und werden zusätzlich durch Gesetze, den Betriebsrat und Unternehmensregeln (z.B. das Recht auf Homeoffice) bestärkt. Die Spannung entzündet sich oft schon an der Frage, wann sich das Team trifft. Die eine steht nicht gerne früh auf, der andere holt am Nachmittag die Kinder ab. Jeder hat andere Homeoffice-Tage und wenn keiner was ändert, sieht sich das Team die ganze Woche kaum. Aber wer soll was von seinen liebgewonnenen und hart erkämpften Freiräumen hergeben?
- **Übergreifende Steuerung vs. Autonomie der Teams:** Wie wird der Anspruch einer unternehmensweiten Umsetzung der Strategie mit der Autonomie der Teams vereint? Wie werden die Ressourcen und Projekte gesteuert? Top-down? Bottom-up? Oder in einer Mischung von beidem?
- **Bewährtes vs. Neues:** Jede größere Veränderung macht temporär funktionierende Strukturen dysfunktional, bis sich neue etabliert haben (die hoffentlich besser funktionieren als die alten). Wo lohnt es, dies zu tun? Wo ist man gut beraten, das Bewährte zu belassen?
- **Kurzfristig vs. langfristig:** Unternehmen, speziell börsennotierte, orientieren sich typischerweise an kurzfristigen Indikatoren (z.B. quartalsweise an Profitabilitätsindikatoren). Wie lässt sich das mit einer agilen Transformation vereinen, die hauptsächlich langfristig wirkt, und kurzfristig erst mal Zeit und Energie bindet?

- **Sinn vs. Zweck:** MitarbeiterInnen die Frédéric Laloux' „Reinventing Organizations" oder ähnlich inspirierende Werke gelesen haben, suchen u.U. auf einmal tieferen Sinn in ihrer Arbeit. Das Unternehmen hat nun Mühe, diese Sinnsuche mit dem Zweck seines Existierens, allem voran dem wirtschaftlichen Überleben, in Einklang zu bringen. Was notwendig für das Funktionieren ist, ist nicht immer für alle ausreichend sinnbehaftet.

Wie ernsthaft man diese Spannungsfelder behandelt oder umgeht, macht zweifellos einen entscheidenden Unterschied bei einer Transformation. Man könnte die Frage auch umgekehrt stellen: Was sollte sich ändern, wenn diese alten Fragen nicht neu beantwortet werden? Was wäre dann anders, außer neuem Lack auf der Karosserie?

Exkurs: Tetralemma als Möglichkeit, Spannungsfelder zu balancieren:

Was hier Spannungsfeld genannt wird, ist eine saloppe Umschreibung eines zentralen Konzeptes der systemischen Organisationstheorie nach Niklas Luhmann, dem Paradoxon. An dieser Stelle soll eine vereinfachte Annäherung an den Begriff reichen: eine Entscheidungssituation, in der zwei (oder mehr) Interessen, die beide wichtig sind, sich nicht zur selben Zeit mit den vorhandenen Ressourcen realisieren lassen. Dadurch entsteht ein Entscheidungsdilemma, tägliches Brot für Individuen, Teams und auch Organisationen. Man kann sich für keins von beiden entscheiden, weil man meint, dass jeweils andere dadurch vernachlässigen zu müssen. Muss man aber meistens gar nicht. Denn die wenigstens Spannungsfelder im Leben sind so streng kontradiktorisch, wie wir sie aus der Logik kennen: Es gibt nicht nur Tag und Nacht, es gibt auch die Dämmerung. Es gibt nicht nur Korn A und Korn B, es gibt auch Kreuzungen daraus, die die Vorteile beider vereinen. Und es gibt vielleicht was ganz anderes, dass wir bislang übersehen haben. Ein hilfreiches Werkzeug bei Entscheidungsdilemmata ist das sogenannte Tetralemma.

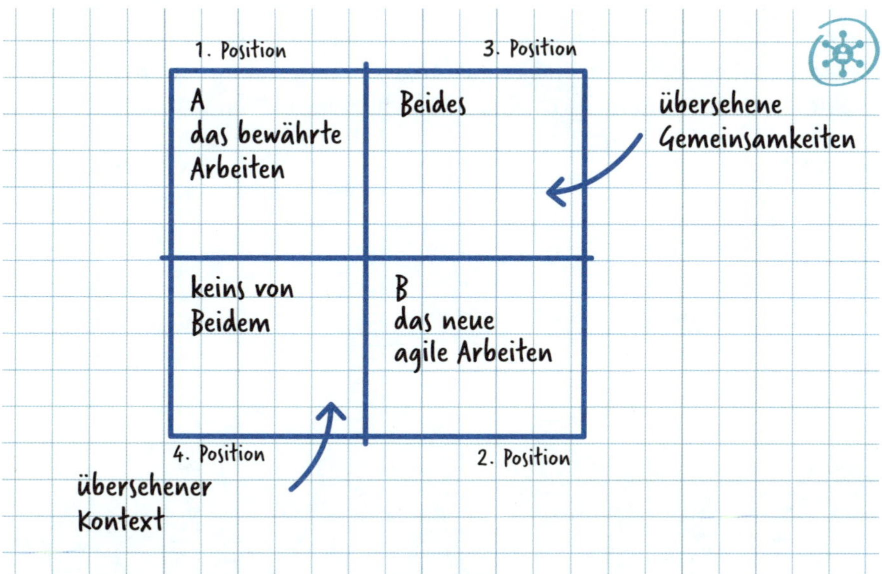

Abbildung 9: Beispiel eines Tetralemmas

Es wurde in zwei Varianten kreiert: in einer von Matthias Varga von Kibéd und Insa Sparrer (Varga von Kibéd, 2000) sowie in einer von Fritz B. Simon (Simon, 2007). Einig sind sich die Autoren, dass das Tetralemma ein Schema ist, mit dem man in vertrackten Entscheidungssituationen den Lösungsraum erweitern kann. So werden auf einmal Gemeinsamkeiten zwischen scheinbaren Widersprüchen sichtbar, z.B. Gemeinsamkeiten zwischen neuem agilem und bewährtem Arbeiten. Oder Lösungen, die aus keinem von beidem bestehen, also weder agilem noch bewährten Arbeiten. Sowohl Varga von Kibéd und Sparrer als auch Simon unterscheiden vier Felder, dass jedes für sich eine Reihe von Lösungsmöglichkeiten beinhaltet: 1. das Eine, 2. das Andere, 3. beides, 4. keines von beidem. Allein sich diese vier Felder vor Augen zu führen, kann schon die Kreativität beflügeln, anstatt auf das Entscheidungsdilemma zu starren wie das Kaninchen auf die Schlange. Es hilft, aus dem Nullsummenspiel nach Watzlawick herauszukommen. Das Tetralemma lässt sich auch in verschiedenen Beratungssettings, sowohl für Individuen, Teams wie auch Organisationen anwenden.

Matthias Varga von Kibéd (Varga von Kibéd, 2000) würde noch eine fünfte Position hinzufügen: all dies nicht und selbst das nicht. Das ist zweifellos Stoff für echte Philosophen: Es stellt nicht nur das bisherige Schema mit seinen vier Positionen in Frage, sondern obendrein die eigene Position des Infragestellens und führt damit zu einem neuen Tetralemma. Es steht gewissermaßen für das ständige Out-of-the-Box-Denken, und führt dabei wieder zu einer neuen Denkbox, die man dann gleich wieder hinterfragen kann. Hilfreicher sind vielleicht die Wurzeln im Buddhismus, auf die sich Matthias Varga von Kibéd beruft. Dort steht die fünfte Position für Reflexion, Mitgefühl und Humor. Zweifellos nützliche Ressourcen, wenn man vor einem Entscheidungsdilemma steht!

Was also könnten gute Gründe sein, alle Spannungsfelder (bzw. Paradoxe) auf den Tisch zu bringen und neu auszubalancieren? Schließlich handelt es sich dabei nicht um eine vergnügliche Kaffeefahrt.

Der CEO des Konzern Okeanos besucht eine Konferenz zum Thema „Neues Arbeiten", die ein renommiertes Consulting Unternehmen speziell für die Entscheidungsetagen deutscher Unternehmen ausrichtet. Er kehrt völlig energetisiert zurück. Die Pointen der BeraterInnen saßen und die Fallstudien ausgewählter Unternehmen überzeugten. Wie konnte er die Folgen der digitalen Revolution bisher dermaßen ignorieren? Und wie konnte er nur das Potenzial agiler Methoden, viel wendiger auf diese Veränderungen zu reagieren, so vernachlässigen? Kaum zurückgekehrt gibt er den Auftrag aus, mit agilen Pilotprojekten zu starten. Dieser Auftrag sickert bis zu einem kleinen HR-Team durch, dessen Aufgabe es (unter anderem) ist, sich mit neuen Arbeitsformen zu beschäftigen. Sie haben schon einiges zum Thema Agilität gehört, sind jedoch einigermaßen verdutzt, dass dieser Auftrag von höchster Stelle plötzlich auf ihren Schreibtischen landet. Da sie selbst neugierig auf das Experiment sind, fassen sie die Gelegenheit beim Schopf und starten munter. Flugs klinken sie sich in einige Projekte ein, die ihnen für agiles Arbeiten geeignet scheinen. Sie beginnen mit dem (von ihnen so ausgelegten) Mandat des Vorstands, Workshops zu organisieren, um mit den Projektteams über neue Spielregeln, Vorgehensmodelle und ein partizipativeres Rollenverständnis von Projektleitern zu reden. In diesen Workshops gibt es nun gehörig Reibung. Manche Projektleiter pochen auf ihre (ja auch indirekt vom Vorstand kommenden) Projektziele, die sich ihrer Ansicht nach am besten mit ihrer Erfahrung und den bewährten Mitteln erreichen lassen. Das HR-Team, auch nicht auf den Mund gefallen, zeichnet mit Fallbeispielen und interaktiven Übungen ein Bild, wie es noch viel besser gehen könnte. Als der CEO ein Jahr später mehrere Deep Dives macht, um herauszufinden, was aus seinem Auftrag geworden ist, zeigt sich ihm ein interessantes Bild. Es werden tatsächlich einige Projekte auf eine neue Art durchgeführt und spürbar anders gelebt. Allerdings ganz anders, als er sich das vorgestellt hat. Andere Projekte haben nüchtern betrachtet Zeit durch Diskussionen verloren, ohne dadurch in irgendeiner für ihn erkennbaren Form etwas dazuzugewinnen. Weiterhin stellt er fest, dass nach wie vor weniger als ein Prozent seiner Organisation „agil" arbeitet. Wie würde sich denn bei diesem Tempo in absehbarer Zeit eine Vision, wie die, die er bei der Konferenz erlebt hat, erreichen lassen?

Was treibt eine Organisation zur Veränderung? Ein Startpunkt einer Transformation kann, wie im obigen Beispiel, das Zukunftsbild einer neuen Form der Zusammenarbeit sein. Nichts weniger als eine umfassende Vision, wie wir Menschen in Organisationen zukünftig arbeiten, unsere berufliche Identität finden und Teil einer Arbeitsgemeinschaft sind. Dies kann in Konferenzen entstehen, an denen man teilnimmt, aus den Visionen und Beispielen, wie sie z.B. Frédéric Laloux (Laloux, 2014) Stephen Denning (Denning, 2010 und 2018) oder Craig Larman und Bas Vodde (Larman, 2016) anschaulich erzählen. Sie kann entstehen, wenn man sieht, wie Spotify seine Arbeitsweise darstellt (Spotify, 2014), oder wenn man selbst Gelegenheit hat, in einem agilen Team zu arbeiten oder zu hospitieren. Wenn dabei unsere innere Resonanz ein starkes „So will ich arbeiten!" ist, hat die eigene agile Reise vielleicht gerade begonnen. So eine innere Resonanz kann eine starke Kraft entfalten.

Die Frage ist, inwieweit das Unternehmen mitgeht, wenn den CEO oder sogar den ganzen Vorstand eine Vision umtreibt. Unternehmen ändern sich nicht einfach auf Knopfruck, so fest man auch draufdrückt. Es wäre wohl ein schwerer Fall von Kontrollillusion der Manager zu glauben, eine ganze Organisation ändere sich aufgrund der Begeisterung einer einzelnen Person, sei es auch der CEO. Die Nagelprobe der neuen Idee kommt dann, wenn sie in den relevanten Gesprächszirkeln einer Organisation - den Entscheidungsgremien und viel wichtiger noch, den Kaffeeküchen- ernsthaft erörtert wird. Wir können getrost davon ausgehen, dass die oben genannten Spannungsfelder dabei wichtige Rollen spielen. Ganz gleich ob man sie nun bewusst angeht oder ob sie sich in unterschwelligen Widerständen oder Auseinandersetzungen äußern.

Die neue Idee, die ins Gespräch kommt, lässt sich in einem evolutionären Verständnis davon, wie sich Organisationen entwickeln, als Variation bezeichnen. Diese wird gefolgt von der Selektion - das, was die Führung entscheidet, gefolgt von der Retention - dem, was die Organisation davon behält. Die Retention ist nicht direkt kontrollierbar, sondern passiert selbstorganisiert. Man könnte meinen, die Organisation ist so schlau das auszufiltern, was sie derzeit nicht verwerten kann. Nur was die Organisation annimmt, hat Bestand.

Eine gute Veränderung beginnt mit einem guten Grund

Man könnte also fragen: Was braucht denn die Organisation, um den Impuls, den der CEO im obigen Beispiel hatte, besser verwerten zu können?

Die erste in John Kotters acht Stufen eines Veränderungsprozesses ist „Create a sense of urgency" (Kotter, 2020) - eine Geschichte über die Zukunft zu erzählen, die auf drastische Weise klarmacht, dass sich die eigene Organisation verändern muss, um gut weiterbestehen zu können: „Help others see the need for change through a bold, aspirational opportunity statement that communicates the importance of acting immediately."

Eine in diesem Punkt differenziertere Sicht bieten Heitger und Doujak (Heitger, 2014): Sie stellen nicht nur die Frage nach der Veränderungsnotwendigkeit (dem „sense of urgency"), sondern auch der Veränderungsfähigkeit einer Organisation. Nur wenn beides im passenden Maß gegeben ist, macht eine tiefgreifende Veränderung Sinn.

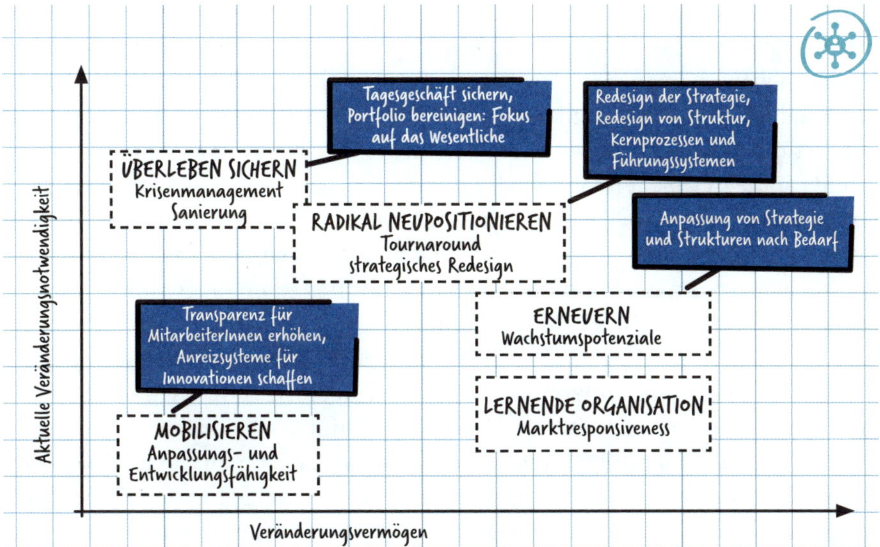

Abbildung 10: Heuristik der Veränderungsstrategien nach Heitger und Doujak

Wenn es funktioniert, ein Gefühl der Dringlichkeit zu generieren, so wird es aktivierend wirken: auf diejenigen, die es glauben und dafür sind. Und auf diejenigen, die in den Widerstand gehen, weil sie es nicht glauben. Beide Seiten werden gestärkt.

Was also tun, um die Organisation nicht in einem Kräftemessen dieser beiden Pole unnötig Energie verbraten zu lassen? Sei es wie beim Team Taurus, das mit aller Kraft an einem Seil zieht - nur in unterschiedliche Richtungen. Sei es wie in den Workshops im Konzern Okeanos. Sei es auf andere Weise.

Eine Möglichkeit kann sein, beiden Polen Rechnung zu tragen. Z.B. indem man gedanklich dem energetischen Visionär einen ausgesprochen rationalen Betriebswirt zur Seite stellt. Quasi als legitime Stellvertreter beider Pole der Diskussion.

Dieser Dialog zwischen visionärem und nüchternem betriebswirtschaftlichen Denken (und anderen relevanten Perspektiven) lässt sich ganz praktisch als Strategieprozess gestalten. Als offener Dialog zwischen Vertretern verschiedener

Sichtweisen, die jeweils wichtige und legitime Seiten der Organisation repräsentieren. Das Bewährte und das Neue, kurzfristige Optimierung und langfristige nachhaltige Ausrichtung, die Autonomie der Teams und die Notwendigkeit übergreifender Steuerung. Sie alle gehören in den (Denk-)Raum der Diskussion.

Jetzt könnte man sich fragen: Was ist daran anders als an jedem guten Strategieprozess? Was hat das mit Agilität zu tun? Der wesentliche Unterschied liegt darin, durch wen und wie diese Diskussion geführt und entschieden wird. Werden die Beteiligten aus der Logik eines hierarchischen Führungszirkels bestimmt oder ist die Auswahl geleitet durch die Frage, wer die besten Köpfe für dieses Thema sind? In welchem Maße wird diese Diskussion eine wohlvertraute Runde des Verhandelns von Partikularinteressen unter Managern? Oder beginnt ein neues Spiel hinter dem Spiel? Diskutiert die Fußballmannschaft etwa ernsthaft, wie sie gemeinsam die Weltmeisterschaft gewinnen kann (oder zumindest mal zur Abwechslung an einer WM teilnimmt)?

So oder so: Man kann annehmen, dass eine Transformation auch ein Spiegeleffekt dessen ist, wie die oberste Führung zusammenarbeitet und entscheidet. Warum sollte die Mannschaft eine neue Form der Zusammenarbeit entwickeln, wenn die Führung in vertrauter Hierarchie weiterwerkelt. Hier liegt in der Strategiediskussion die erste große Chance eine Musterunterbrechung zu setzen – oder alles beim Alten zu lassen.

Verführerische Fallen für gewiefte Strategen:

- Eine naheliegende Falle ist es, Agilität ohne ernsthafte Strategiediskussion einzuführen. Wozu auch! Ist nicht durch viele Beispiele klar geworden, wie viel Agilität bringt? Das Gute an dieser Falle ist: Sie wird vermutlich zu wenig Veränderungen führen, also auch zu keinen negativen.
- Ein guter Grund dafür, in diese Falle zu stolpern, kann darin liegen, sich nicht den Spannungsfeldern (Paradoxien) einer Organisation stellen zu wollen. Denn die werden durch echte Transformationen neu verhandelt und balanciert. So wird z.B. mancher Interessenausgleich, der gewöhnlich top-down entschieden wird, den agilen Prinzipien folgend viel stärker bottom-up gestaltet werden. Und Hand aufs Herz, wollen Sie sich das wirklich antun?

Handlungsspielräume, um an diesen Fallen intelligenter zu scheitern:

- liegen z.B. in systemsicheren Ansätzen der Strategieentwicklung: zu erkunden, in welchen Geschäftsbereichen Agilität Sinn macht und wo genügend MultiplikatorInnen bereit sind, auf eine Reise in Richtung Agilität mitzuziehen. Das systemische Denken bringt dabei ein irritierend entspanntes Grundverständnis für Spannungsfelder mit. Es werden einfach beide Seiten gewürdigt, wie z.B. das neue und das bewährte Arbeiten, das Bedürfnis nach übergreifender Steuerung und nach Autonomie der Teams usw. Wenn man diesen - für viele völlig kontraintuitiven - inneren Schritt geleistet hat, ist der Rest gutes Organisationsentwicklungs-Handwerk. Dann lassen sich diese Spannungsfelder mit Werkzeugen wie dem Tetralemma bearbeiten. Darin steckt die Chance neue, bessere Lösungen zu finden, die auch den verschiedenen Kräften innerhalb der Organisation ausreichend gerecht werden.

Viele gute Teams ergeben eine gute Organisation

Das Unternehmen hat den Start in die Agilität gut vorbereitet. Eine eigens dafür geschaffene Organisationeinheit sorgt für einen geeigneten Rahmen für agile Projekte. Die agilen Teams halten sich außerhalb der normalen Unternehmensräumlichkeiten in Startup-ähnlicher Umgebung auf. Dort ist alles irgendwie anders, es fühlte sich frisch und cool an, der Geruch von Freiheit und Aufbruchsstimmung hängt in der Luft. Agile Coaches helfen den Teams, von Anfang an in einem neuen Modus zu arbeiten. Product Owner stellen die Verbindung zum Unternehmen her. Sie achten darauf, dass die Projekte das umsetzen, was auch den Zielen des Unternehmens dient. Es gibt viele unterschiedliche Innovationsvorhaben, die in dieser neuen Form des Arbeitens umgesetzt werden, und viele MitarbeiterInnen, die sich dafür freiwillig melden. Sie arbeiten in agilen Teams weitestgehend selbstorganisiert für einen Zeitraum von vier bis zwölf Monaten. Zwei Jahre später zeigt die Bilanz, dass mithilfe dieser neuen Arbeitsweise tatsächlich etliche Innovationen entstanden sind. Manche davon sind umgesetzt, manche sind am Widerstand der Regelorganisation gescheitert. Die alte Welt hat manche der neuen Produkt- und Prozessideen abgelehnt. Ein Ziel aber wurde komplett verfehlt: die Regelorganisation agiler zu machen. Im Gegenteil: Manche der MitarbeiterInnen, die das agile Arbeiten in die „alte" Organisation transportieren sollten, werfen nach ihrer Rückkehr aus den agilen Projekten entnervt das Handtuch. Von der coolen neuen Welt auf die alte, die sich nun irgendwie repressiv anfühlt, umzuschalten, ist nicht drin. Die besten Köpfe, die leicht woanders Arbeit finden, tun das auch.

Wenn man versucht, über die Erfahrung einzelner Personen die Organisationen zu verändern, so wirkt das ein wenig, als würde man einzelne Priester in Hippiekommunen schicken, und erwarten, dass sich nach ihrer Rückkehr der Vatikan ändert. Dieser Ansatz scheint ein guter Weg zu sein, um das Spannungsfeld zwischen alter und neuer Welt von der Organisation auf die Mitarbeiter abzuwälzen.

Naheliegender scheint es da doch, Team für Team umzustellen, und so die Organisation langsam aber sicher agiler werden zu lassen.

Das IT-Unternehmen Pandia hat es sich zum Ziel gesetzt, binnen drei Jahren zu 80 Prozent agil zu werden. Es werden Pilotteams definiert, die in mehreren Phasen starten. Begleitung durch interne und externe agile Coaches ist bereitgestellt, zudem werden Scrumtrainings für die Teams angeboten. Die Reise in die Agilität startet vielversprechend. Die Auslieferungszeiten werden geringer, es wir häufiger und in kleineren Paketen geliefert. Die Kunden sprechen von mehr Transparenz, die Teams sind überwiegend zufrieden. Nach 18 Monaten werden Risse in dieser Freude sichtbar. Die Geschäftsführung ist über das Ausmaß an Autonomie, das sich die Teams herausnehmen, zunehmend irritiert. Die Product Owner hingegen sind genervt, dass fast ihr gesamter Entscheidungsspielraum durch Projektvorgaben der Geschäftsführung aufgezehrt wird. Die Geschäftsführung ist nun drauf und dran, die agile Transition abzubrechen.

Was ist an der Transformation der gesamten Organisation schlecht gelaufen, wo doch die Teams so gut in die Agilität gestartet sind?

Wie schon die vorherigen Kapitel aufgezeigt haben, lässt sich agiles Arbeiten für Teams wunderbar nützen. Damit lässt sich auch eine agile Teamentwicklung leicht und flüssig gestalten. Schon im Kick-off kann man auf drei Ebenen spielen:

- Man kann neue Glaubenssätze anbieten und diese motivieren. Indem man z.B. über die Stacey-Matrix erklärt, weshalb der Nutzen von Planung bei komplexeren Vorhaben abnimmt.
- Man kann über spielerische Ansätze agile Methoden erleben, neues Verhalten üben und feststellen, welche Vorteile diese für das Miteinander bringen, z.B. mithilfe von Lego4Scrum (Krivitsky, 2017) oder dem Kanban Pizza Game (Agile42, 2020). Spiele wie „okhíyA" (Bareck, 2016) helfen, die Zusammenarbeit in selbstorganisierten Teams zu trainieren. Wie kommunizieren und entscheiden wir ohne Hierarchie? Alle diese Spiele haben gemeinsam, dass man dabei den Rhythmus des laufenden Reflektierens üben kann und dabei kontinuierliche Bottom-up Verbesserung („Kaizen") erlebbar macht.
- Man kann aus dieser spielerischen Erfahrung neue Rollen, Rituale und Spielregeln etablieren. Somit kann sich die Kommunikation inkl. den Entscheidungsverfahren innerhalb des Teams ändern.

In den folgenden kontinuierlichen Lernschleifen mit dem Team (z.B. in Form von Retrospektiven bei Scrum) zeigt sich typischerweise recht bald, was davon vom Team angenommen wird und was es daraus macht. Auf diese Weise kann man in einen Modus kontinuierlicher Verbesserung kommen, wobei das Team immer runder und stärker wird. Oder es findet heraus, dass das agile Arbeiten in diesem Kontext nicht passt, sprich mit dem aktuellen organisatorischen Container und zu diesem Zeitpunkt.

Teams versus Organisation

Die Versuchung liegt nahe, das Gleiche für Organisationen zu probieren, wie es Pandia im obigen Beispiel getan hat. Was für Teams gut funktioniert, sollte doch auch für Organisationen funktionieren. Man muss doch nur Team für Team umstellen, oder? Aber welches Gesamtbild ergibt sich, wenn viele Teams beginnen, agil zu arbeiten?

Abbildung 11: Mehrere Teams, die Scrum anwenden

Abbildung 11 zeigt mehrere Teams, die Scrum anwenden – in der ursprünglichen Bedeutung des Begriffs, nämlich das Ritual von Rugbyteams, die gerade die Köpfe zusammenstecken, um in der Mitte um den Ball zu raufen. Die Metapher Scrum ist sehr treffend, für das, was passiert, wenn ein Team richtig in die Gänge kommt. Es hat in den Phasen vom Storming über das Norming bis zum Performing einen klaren Blick nach innen. Es bezieht sich auf sich selbst, verstärkt die innere Kopplung. Auf diese Weise schafft es das Team, sich vom Umfeld stärker zu differenzieren und damit aus sich und für sich etwas Besonderes zu machen. Das kann dem Bedürfnis, sich mit anderen Teilen der Organisation auseinanderzusetzen, durchaus abträglich sein. Speziell wenn es darum geht, mit Andersdenkenden wie z.B. weniger agilen Teams zusammenzuarbeiten (wie uncool!).

Eine Umstellung von noch so vielen Teams auf agiles Arbeiten – sei es mit Scrum, sei es mit einer anderen agilen Methode- adressiert nicht die übergreifenden Themen einer Organisation. Es adressiert auch noch nicht die zuvor benannten Spannungsfelder, z.B. das Bedürfnis nach übergreifender Steuerung auf der einen und Autonomie der Teams auf der anderen Seite. Und es bedeutet auch noch nicht, dass die Geschäftsführung ihre Form der Führung überdenken muss. Bis, wie im Fall des Unternehmens Pandia, die Kluft zwischen den Vorstellungen der Teams und der Geschäftsführung nicht mehr ignoriert werden kann.

Teams und Organisationen folgen zudem unterschiedlichen Logiken. In Teams haben die Menschen persönlichen Kontakt zueinander. Organisationen definieren sich über Rollen und Funktionen, in denen manchmal über Kontinente hinweg Menschen kommunizieren, die sich nie gesehen haben. Teams halten Unterschiede, wie z.B. verschiedene Entlohnung für vergleichbare Leistungen, schlecht aus, in Organisationen sind enorme Einkommensunterschiede hingegen der Normalfall.

Das agile Manifest spiegelt die Essenz agilen Arbeitens wunderbar wider: Es geht um Individuen und Interaktionen, die wichtiger sind als Prozesse und Tools. Es geht um sich selbstorganisierende Teams, die am besten „face to face" kommunizieren. Agiles Arbeiten ist ein hervorragender Teamsport. Organisation und Führung kommen dort nicht vor. Vor zehn Jahren konnte man bei agilen Konferenzen noch das Gefühl bekommen, Manager und Organisationen seien irgendwie unkeusch, der Feind der Teams.

Organisation versus Skalierung

Mittlerweile gibt es Visionen von agilen Organisationen und konkrete Organisationsmodelle, anhand derer man Agilität auf Organisationsgröße skalieren kann. Doch auch die agilen Ansätze können sich nicht ihrer eigenen Gene erwehren. Wie der Name „Skalierung" schon suggeriert, scheinen sie die Konzepte für Teams einfach auf Organisationsgröße zu übertragen. Eine Organisation wird dabei als ein Gefäß für viele Teams verstanden, die durch wohlüberlegte Strukturen miteinander verbunden sind. Und so wirken die Modelle zum Skalieren nach wie vor zu wenig holistisch (Spielhofer, 2014). Das Verständnis einer Organisation, die als komplexes soziales System einer anderen Logik folgt als Teams, scheint in diesen Ansätzen nicht ausreichend berücksichtigt, um als Anleitung für die Transformation von Konzernen (oder Teilen davon) zu dienen.

Einfach einen Teamansatz auf Organisationsebene zu skalieren, reicht also wohl nicht. Es braucht eine neue - agile! - Organisationsform. Holistisch gedacht, also alle Aspekte wie Führung und übergreifende Steuerung einschließend. Dann müsste man doch auch als Konzern eine Fahrkarte zum agilen Glück haben. Sollte man meinen.

Verführerische Fallen, wenn man Agilität skalieren will:

- Agilität hat ihre Wurzeln im Teamsport. Eine Falle wäre es nun, agile Methoden einfach als Modell für Organisationen aufzublasen: Viele Teams ergeben aber nun mal noch keine gute Organisation. „Scaling agile is the last thing you want to do", hat Martin Fowler schon vor vielen Jahren erkannt (Fowler, 2003).
- Im Gegenteil, die Stärkung der Autonomie von Teams kann eine Schwächung der übergreifenden Steuerung bewirken. Je eigenständiger die einzelnen Boote ihren Kurs wählen, desto schwieriger wird es dafür zu sorgen, dass die gesamte Flotte ein gemeinsames Ziel verfolgt.
- Organisationen folgen zudem einer anderen Logik als Teams: Sie setzen zum Beispiel viel weniger auf persönliche Kontakte („Individuen und Interaktionen"), sondern brauchen standardisierte Funktionen, sodass man auch eine Dienstreise buchen oder einen neuen Dienstausweis bekommen kann, wenn man die jeweilig zuständige Person nicht kennt.
- Wer an diesen Fallen intelligenter scheitern will, dem/der bleibt nichts anderes übrig, als sich noch eine Tasse Tee zu gönnen und im nächsten Kapitel zu erkunden, wie man Organisationen auch anders verstehen und verändern kann.

Die beste agile Organisationsform finden

Eine neue agile Form einer Organisation zu denken, geht also offensichtlich darüber hinaus, viele agile Teams zu entwickeln und zu vernetzen. Es geht um mehr, als besser Produkte zu entwickeln oder innerhalb eines definierten Rahmens (Glenda Eoyangs „container") Agilität zu leben. Hier wird die Unternehmensumwelt zum Rahmen: der Markt, der Staat mit seinen Regulativen etc. Alles innerhalb dieses Rahmens lässt sich neu denken – was für eine aufregende Perspektive!

Griff nach den Sternen

Der Bereichsleiter Akademos hat sich überzeugen lassen: Es ist Zeit, im Bereich Aphidnai eine große Veränderung zu probieren: Holacracy. Seine mittleren Manager haben es bei jeder möglichen und unmöglichen Gelegenheit strapaziert: Die Hierarchie klassischer Prägung ist ein Relikt von gestern. Eingangs hat er ja noch Zweifel gehabt, aber seine Abteilungsleiter haben sich sowas von eloquent und freudig in das Thema gestürzt – da muss was dran sein. Schnell finden sich Führungsriege und ausgewählte MitarbeiterInnen in einer Holacracy-Schulung wieder. Die TrainerInnen beraten ihn auch gleich, wie die ersten Schritte zur Umsetzung aussehen sollen. Etwa zwei bis drei Monate später gibt es sogenannte Kreise, in denen so allerhand besprochen und entschieden wird. Und zugleich gibt es Abteilungssitzungen, in denen auch so allerhand besprochen und entschieden wird. Aber gibt es eigentlich noch Abteilungen? Akademos merkt, dass er sich nicht ganz sicher ist, wo sie als Bereich mit ihrer Holokratisierung gerade stehen. In einer denkwürdigen Sitzung stellt er seinen Abteilungsleitern die Frage, ob Holacracy nun eigentlich schon eingeführt oder noch im Pilotbetrieb ist. Und bekommt zu hören, was er gar nicht hören will: unterschiedliche Antworten. Es zeigt sich, dass es für manche noch ein Experiment ist, das sie, nebenbei bemerkt, eher skeptisch sehen. Andere sind der Meinung, Holacracy gilt schon. Und im Übrigen ist das gerade auch keine Bereichsleitungssitzung, sondern nur noch ein informelles Treffen. Akademos spürt eine leichte Gänsehaut in seinem Nacken aufziehen. Nach einem kurzem Ringen mit sich selbst stellt er die Frage, wer denn jetzt die Entscheidungen für den Bereich Aphidnai trifft. Und bekommt wieder unterschiedliche Antworten: Er als Bereichsleiter ist eine, der strategische Bereichskreis eine andere. Sie haben offensichtlich den Bereich soweit destabilisiert, dass nicht mehr klar ist, wie Entscheidungen getroffen werden. Akademos beginnt, sich nach einem langen, langen Urlaub zu sehnen.

Bei aller Inspiration durch eine schöne Vision sollte man nicht übersehen, von welcher Ausgangsposition man startet. Sonst kann man sich als Organisation leicht übernehmen. Dabei kann es hilfreich sein, die Entwicklung von Organisationen als evolutionären Prozess zu verstehen. So beschreibt das sogenannte Spiral Dynamics-Model (Abbildung 12), wie sich der Main Stream von Organisationen über die Geschichte entwickelt hat. Die Art, wie im Mittelalter geführt wurde, würde heute vielerorts Empörung hervorrufen und schlicht nicht funktionieren. So wie sich die Werte einer Gesellschaft über die Zeit verändern, verändern sich auf die Vorstellungen von Zusammenarbeit und Führung. Es lässt sich vermuten, dass kommende Generationen ebenso auf uns zurückschauen werden und sich wundern, wir archaisch wir miteinander umgegangen sind.

Aus Sicht des Spiral Dynamics-Modells kann man den heutigen Main Stream als eine individuumszentrierte, durch materielle Anreize gestaltete Form von Führung sehen. Ein typisches Führungsinstrument dieser Organisationsform ist die Zielvereinbarung, die zwischen einzelnen MitarbeiterInnen und deren

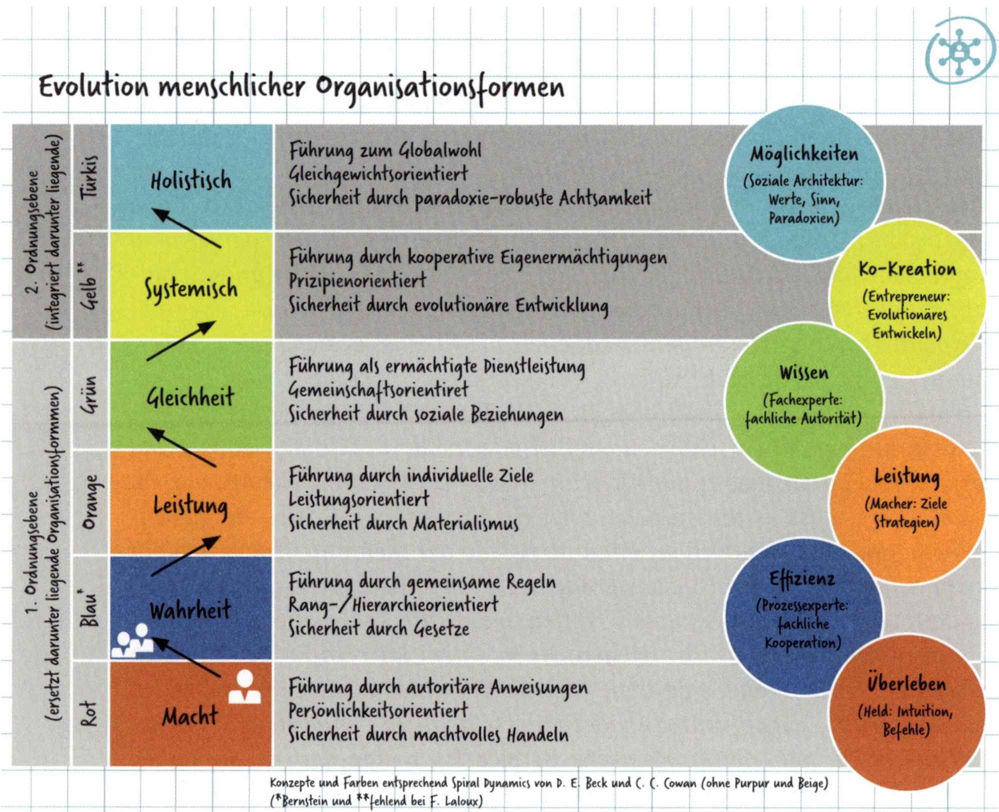

Abbildung 12: Die Evolution von Organisationen (Oestereich, 2017)

Führungskräften getroffen wird. Auf dieser Basis gibt es mehr oder weniger Belohnung in Form von Gehaltserhöhungen, Boni, Beförderungen etc.

Eine nächste Evolutionsstufe kann eine Form der Zusammenarbeit sein, die das Team in den Mittelpunkt stellt, anstatt den Einzelnen. Dieser Schritt passt auch sehr gut zu agilen Ansätzen wie Scrum, die wie das agile Manifest teamorientiert denken.

Ansätze wie Holacracy oder die Soziokratie (siehe agiles Glossar) gehen einen deutlichen Schritt weiter. In einer Organisation, die in verschiedenen Kreisen einstimmig Entscheidungen trifft, gibt es die Beschränkung und zugleich das Sicherheitsnetz der klassischen Hierarchie nicht mehr. Das ist ziemlich voraussetzungsvoll: einerseits müssen alle MitarbeiterInnen in der Lage sein, das gemeinsame Wohl über die Eigeninteressen zu stellen. Einstimmigkeit in allen Lebenslagen will gelernt sein, sonst können Einzelne aus Eigeninteresse oder schlicht aus einer emotionalen Befindlichkeit heraus den Entscheidungsprozess blockieren oder ein für die Organisation höchst suboptimales Ergebnis bewirken. Andererseits muss die Machtübergabe der Linienführung an diese Organisationsform mit ihren Kreisen verbindlich erfolgt sein – also ohne Wenn und Aber, z.B. durch einer Art Organisationsverfassung schriftlich abgesichert. Und dann muss auch noch das Umfeld mitspielen: Jedes Unternehmen hat EigentümerInnen, die das akzeptieren müssen. Nur wenn alle diese Voraussetzungen ausreichend erfüllt sind, bleibt die Organisation entscheidungs- und handlungsfähig.

Das Spiral Dynamics-Modell vermittelt ein Gefühl für die Geschwindigkeit der Veränderung von Organisationen. Evolutionsstufen ziehen sich oft über mehrere Generationen. Eine direkte Umstellung von einem Konzern auf eine stärkere Form von Autonomie, z.B. in Form von „Führung durch kooperative Eigenermächtigung" statt Hierarchie, wäre der Versuch, mehrere Evolutionsschritte auf einmal zu nehmen. Von heute auf morgen radikale Eigenverantwortung zu verordnen, bedeutet, die Fähigkeit zu verlangen, ein komplexes Gefüge sozialer und sachbezogener Spannungen selbstorganisiert zu lösen. Und das kann eine krasse Überforderung bewirken. Das hat auch der Bereich Aphidnai im obigen Beispiel versucht - und das war offensichtlich deutlich zu viel Veränderung in zu kurzer Zeit.

Wenn man nach also nach den Sternen greifen will - und die Sterne agiler Organisationen haben ja eine schöne Strahlkraft - dann lohnt es sich, Gerhard Andreys Erfahrungsbericht zu berücksichtigen. Andrey ist Mitgründer der Unternehmens Liip, das Holacracy eingeführt hat. Er meint: „Nicht jede Organisation ist fit, direkt nach Holacracy zu wechseln. Insbesondere muss zuerst der genuine Wille bestehen, dass Macht neu organisiert werden kann. Für Organisationen ganz am Beginn dieser Entwicklung dürften zuerst agile Methoden wie Scrum oder Kanban helfen, das Terrain für eine spätere Holacracy-Adoption zu ebnen“ (Tißler, 2019).

Vision und/oder Pragmatismus?!

In der Praxis ergeben sich daraus verschiedene Ansätze zur agilen Organisationsentwicklung. Man könnte sie vereinfachend in visionäre und pragmatische Zugänge gliedern:

- Zum visionären Ansatz passt das radikale Neudenken gesamter Organisationen, inspiriert von Stephen Denning (Denning 2010 und 2018), Frédéric Laloux (Laloux, 2014) oder Brian J. Robertson (Robertson, 2015). Ihre Visionen untermauern sie mit einzelnen Fallbeispielen. Populäre Vorzeigebeispiele sind unter anderem Buurtzorg und Spotify. Eine ausführliche empirische Betrachtung von Organisationen, die diesen Weg gegangen sind, liefern die Autoren bislang nicht (und könnten es aufgrund der Kürze der Zeit auch gar nicht).
- Ein pragmatischer Ansatz ist es, Agilität für bestimmte Organisationsteile als sinnvoll zu sehen, für andere dagegen weniger. Hier lässt sich auf dem Konzept der Ambidextrie[9] aufsetzen, das vor allem durch die Arbeit von Charles A. O‘Reilly und Michael L. Tushman, Forschern der Stanford bzw. Harvard University, bekannt geworden ist. Ihre Arbeit zieht sich schon über mehrere Jahrzehnte und ist stärker empirisch untermauert.

Auch hier muss man die beiden Ansätze nicht als sich ausschließend betrachten. Man kann z.B. eine große Vision verfolgen, indem man sie in kleinen Schritten anstrebt. Damit landet man zwangsläufig bei den Fragen:

- Für welche Unternehmensfunktionen eignet sich Agilität besonders gut?
- Wo lässt man Agilität erstmal eher außen vor?
- Was muss sich in der gesamten Organisation ändern, damit diese Aufteilung funktionieren kann?

Ambidextre Organisationen

Im Konzept der Ambidextrie lassen sich konkrete Ansätze für diejenigen finden, die nicht mit ihrem Konzern „all-in“ gehen wollen. Anstatt nach einer einzigen Organisationsform, einem einzigen „Betriebssystem“ für die ganze Organisation zu streben, unterscheiden O’Reilly und Tushman zwischen zwei grund-

9 Im englischen Original heißt das Wort „Ambidexterity“, das im Deutschen manchmal mit Beidhändigkeit übersetzt wird. In diesem Buch wird es mit linguistischer Gnadenlosigkeit mit Ambidextrie übersetzt. Der Begriff wurde Anfang des 20. Jahrhunderts von John Jackson (Jackson, 1905) eingeführt, um das Zusammenspiel der rechten und linken Gehirnhälfte zu beschreiben. Er fand in den 1970er-Jahren Einzug in die Organisationsforschung und bekam 1996 durch einen Artikel von Tushman und O’Reilly im Harvard Business Review breitere Aufmerksamkeit.

verschiedenen Fähigkeiten, die Unternehmen mit sich bringen müssen: zum einen das bestehende Geschäftsmodell profitabel zu verwerten (Exploitation), zum anderen Neues zu erkunden und damit neue Geschäftsfelder zu schaffen (Exploration). Ambidextrie ist die Fähigkeit beides zu vereinen.

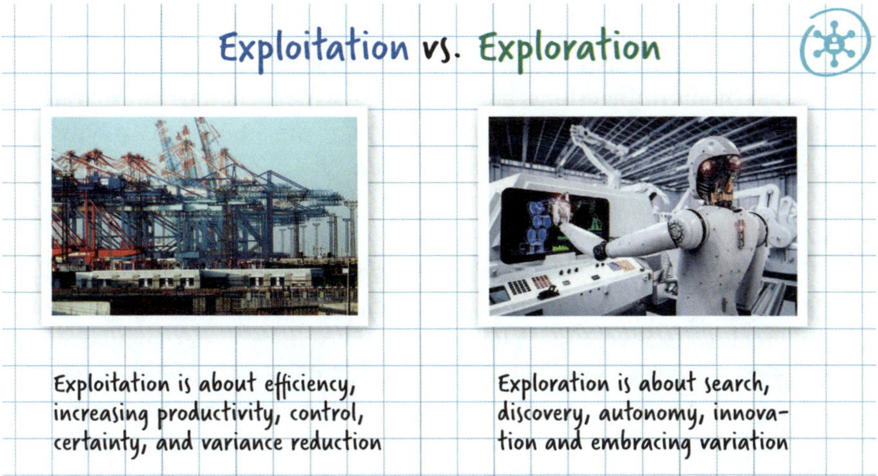

Abbildung 13: Exploitation und Exploration

Die nunmehr langjährige Forschung zeigt, wie konträr diese beiden Seiten von Ambidextrie sind: Das Wegoptimieren von Varianz auf der einen Seite (Wer will hohe Varianz und damit Unberechenbarkeit in einer Produktionsstraße?) sowie

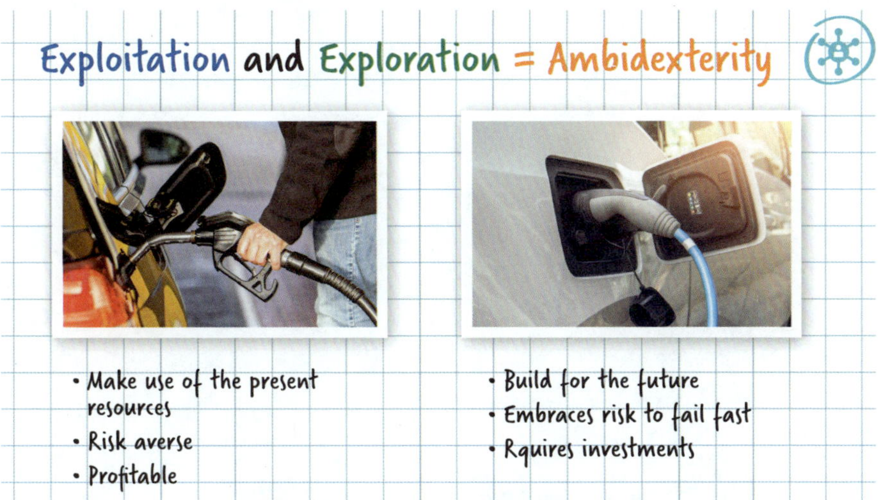

Abbildung 14: Die unterschiedlichen Grundausrichtungen von Exploitation und Exploration

ein Streben nach Variation, um Neues zu entdecken, auf der anderen Seite. Ersteres misst man (unter anderem) an der Profitabilität, Letzteres lebt in einem Selbstverständnis rechtschaffener Unprofitabilität. Ersteres beherrschen viele etablierte Unternehmen im Schlaf, Letzteres ist eine typische Wesensart von Startups.

Dieses Grundverständnis impliziert, dass ein erfolgreicher Konzern nicht aus einer, sondern aus (mindestens) zwei sehr unterschiedlichen Organisationsformen besteht. Um langfristig erfolgreich zu sein, so die Studien zu Ambidextrie, braucht es beides, Exploitation und Exploration.

Agilität am rechten Fleck

O´Reilly und Tushman liefern so eine praxisgerechte Reduktion der Komplexität von Konzernen: Mithilfe ihres Denkmodells müssen wir die Organisationen nicht mehr als Ganzes verändern (O'Reilly, 2016). Man kann sich stattdessen die Frage stellen: Für welche meiner „Betriebsmodi", der Exploration oder der Exploitation, stellt Agilität eine Verbesserung dar? Wo hilft das bewährte Arbeiten? Wo vielleicht beides? Und wo braucht's vielleicht was ganz anderes, etwas, an das wir bislang nicht gedacht haben?

Exkurs: Ambidextrie mit dem Tetralemma bearbeiten

Die Aufgabe Exploitation und Exploration unter einen Hut zu bekommen, ist so paradox, dass man ihr eigentlich nur mit angemessener Respektlosigkeit begegnen kann. Zum Beispiel, indem man mithilfe des Tetralemmas unbeeindruckt neue, praktikable Lösungsansätze erkundet.

Denn das Tetralemma kann, wie für jedes Spannungsfeld, auch für die Ambidextrie neue Lösungsräume aufmachen. So kann man zunächst darauf schauen, was einen in der Fähigkeit zur Exploitation noch stärker werden lassen könnte. Z.B. mit Lean-Ansätzen, neuer Infrastruktur für einen höheren Automatisierungsgrad etc. Dann kann man auf der anderen Seite erkunden, was einen in der Exploration vorwärtsbringen könnte, z.B. agile Teams, die stark autonom arbeiten dürfen. Anschließend könnte man auf beides schauen und sich fragen, was sie gemeinsam haben. Da wären z.B. die kontinuierliche Verbesserung, die bottom-up durch dafür ermächtigte MitarbeiterInnen erfolgt und Führungsprinzipien, z.B. solche, die diese Art der kontinuierlichen Verbesserung fördern. Und schließlich könnte man sich fragen, was man bis jetzt übersehen hat. Was also außerhalb des Spannungsfeldes von Exploitation und Exploration liegt. Z.B. Hochsicherheit für die immer erfolgskritischer werdende IT-Infrastruktur.

Das kann klären, was sich in den Organisationsteilen für 1. Exploitation und 2. Exploration auszuprobieren lohnt. In einem weiteren Schritt kann man dann darauf schauen, was man auf der Ebene der Gesamtorganisation ändern möchte.

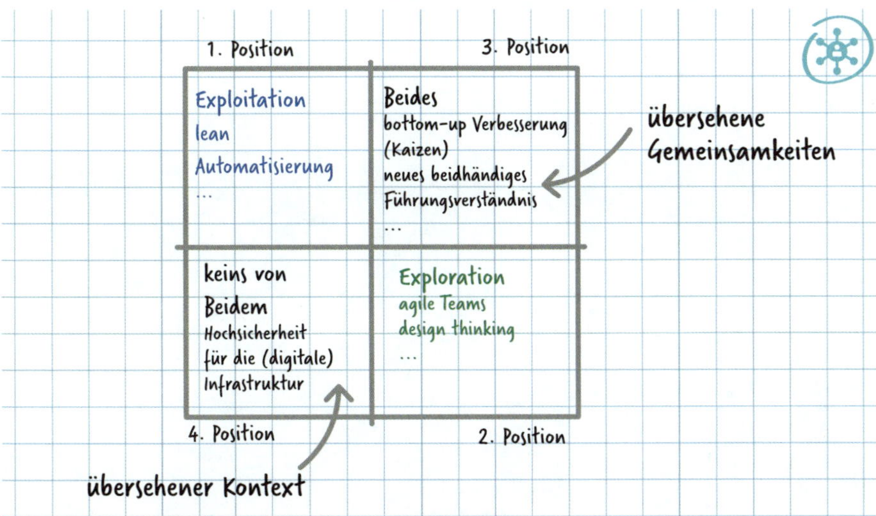

Abbildung 15: Beispiel eines Tetralemmas

In der Trennung dieser beiden Qualitäten liegt auch eine Chance, die auf Seite 20 genannten Ziel- und Haltungskonflikte beim mittleren Management zu vermeiden: Hierarchische Strukturen funktionieren seit Hunderten Jahren gut in der Exploitation (und können sich sicher noch weiterentwickeln, z.B. durch die Reibung an stärker partizipativen Ansätzen). In der Exploration hingegen passen Strukturen mit lateralen Führungskräften wie dem Product Owner und dem Scrum Master viel besser. So können innerhalb eines Unternehmens zwei unterschiedliche Formen von Führung mit jeweils in sich kongruentem Führungsverständnis koexistieren. Wichtig dabei ist, auch im Blick zu behalten, wo es Gemeinsamkeiten in der Führung braucht (z.B. mithilfe des Tetralemmas).

Exkurs: Die lernende ambidextre Organisation:

Der amerikanische Wissenschaftler James G. March (March, 2016) hat gezeigt, wie erfahrungsbasiertes Lernen in Organisationen wirkt. Verkürzt gesagt: Es hilft uns Bestehendes zu bewahren und zu verbessern. Und es hindert uns Neues zu entdecken. Das passt als inkrementelle Lernform sehr gut zur Exploitation. Um beispielsweise eine schon sehr ausgereifte Produktionsstraße zu optimieren, wird man auf wertvolle Erfahrungen zurückgreifen, wie sich Ausschuss vermeiden oder Effizienz erhöhen lässt. Man wird Varianz, also Abweichung von der gewohnten Bandbreite an Ergebnissen, tunlichst vermeiden. Und auf dieses Weise immer mehr Möglichkeiten aussondern, die sich nicht bewährt haben -und somit den Denkspielraum sukzessive verkleinern.
Um erfolgreich zu sein, argumentiert March auf Basis empirischer Untersuchungen, brauchen Unternehmen daher auch experimentelles (oder exploratives) Lernen: Dinge zu tun, die unserer Erfahrung nicht entsprechen, und dabei eine hohe (und ex ante nicht einmal einschätzbare) Varianz an Ergebnissen zuzulassen. Dadurch entsteht mehr Raum für echte Innovationen. Nicht vom Gewohnten auszugehen, sondern ein Produkt oder einen Prozess ausgehend von einem weißen Blatt Papier neu zu denken. Das hat gerade bei industriellen Revolutionen brisante Relevanz. Auf die Erfahrung erfolgreicher Produkte aufzusetzen und diese laufend weiterzuentwickeln, hat Unternehmen von Kodak bis Nokia in die Knie gezwungen. Dies wird auch als Erfolgsfalle bezeichnet. Schon Aristoteles wusste: „Wen die Götter zerstören wollen, dem schicken sie 40 Jahre Erfolg."

Schlüssel für den langfristigen Erfolg ist also die richtige Kombination dieser beiden Lernmodi. Auch Ambidextrie kann man unter diesem Gesichtspunkt der lernenden Organisation sehen. Hubert Lackner beschreibt in diesem Sinne Ambidextrie in seiner Dissertation treffend als „Organisationsdesign, das simultanes Lernen durch strukturelle Trennung ermöglicht, jedoch unter einem Dach vereint“ (Lackner, 2017).

Vulkanier und Klingonen bitten zum Tanz
Das gedankliche Differenzieren der beiden Qualitäten Exploitation und Exploration ist also ein hilfreicher Denkansatz. Wie aber vereint man sie in einem Unternehmen? Wie bekommt man in der Praxis zwei so unterschiedliche Ansätze unter einen Hut: ein Unternehmen, das gleichzeitig wie ein Konzern und wie ein Startup agiert? Man kommt also paradoxerweise nicht aus, sie gedanklich zu trennen, um sie dann wieder in der Praxis in einem Unternehmen zu integrieren.

Der Geschäftsführer des Innovation Hubs Balios hat sich sehr gut positioniert. Die Idee, an der er mit seinem Team arbeitet, wird von der Konzernspitze mit großem Interesse verfolgt. Schließlich ist auch dem konservativen Mutterunternehmen klar geworden, dass sie die Digitalisierung nicht einfach aussitzen können. Und er hat sehr überzeugend dargestellt, wie man die Kunden im Social-Media-Zeitalter erreichen kann. Seine Smartphone-Apps und Web-Applikationen versprechen eine ganz neue Leichtigkeit des Arbeitens. Sie sind bestechend einfach zu bedienen und haben ein glänzendes Erscheinungsbild. Im Vergleich dazu scheint das, was der Konzern sonst an Endkundenanwendungen hat, als altmodisch und verstaubt. Die Entwicklung geht gut voran, sein Team kann, losgelöst vom Treiben des restlichen Konzerns, fokussiert an den neuen Produkten arbeiten. Die MitarbeiterInnen können sich darauf konzentrieren seine Vision umzusetzen. Alles wäre wunderbar, gäbe es da nicht das lästige Rechenzentrum Rheia des Konzerns. Die sind ja sowas von beamtenhaft-langsam. Sie wehren sich gegen moderne Frameworks und andere Technologien, kommen dabei ständig mit Sicherheitsvorschriften, Skalierbarkeit und anderem vorgeschobenen Kram. Was für ein altmodisches Denken! Statt ständig auf Standards aus dem vorherigen Jahrhundert zu pochen, sollten sie sich darauf konzentrieren, eine moderne IT-Infrastruktur bereitzustellen.

Der Bereichsleiter für Endkundenwendungen bei Rheia hat wieder einmal schlecht geschlafen. Das nächste hochrangige Treffen mit VertreterInnen der Fachabteilungen und Balios zum Launch der neuen Produktsuite steht bevor. Und er hat wieder einmal das Gefühl, zwischen Hammer und Amboss zu stehen. Egal was er tut, er scheint aus dieser äußerst ungünstigen Position nicht herauszukommen. Die verspielten Anwendungen von Balios sind nichts als ein potemkinsches Dorf, das haben ihm seine ExpertInnen versichert. Eine schöne Oberfläche ohne soliden Unterbau, die schnell in sich zusammenbrechen wird, wenn echte Kunden damit arbeiten. Und zwar nicht mit einem User, wie bei den inszenierten Demos, sondern Zehntausenden, die sich gleichzeitig auf die Anwendung stürzen. Darunter vielleicht auch Hacker mit bösen Absichten. Nur ist das genau das nicht, was der Fachbereich hören will.

Der liebt die hübschen Oberflächen, die Benutzerfreundlichkeit, die Möglichkeit, den Kunden personalisierten Marketingcontent zu präsentieren. Der will ja nur hören, wann das Ding auf den Markt kommt, und warum das Rechenzentrum so lange braucht, um den Betrieb sicherzustellen. Die ehrliche Antwort „Jahre" würde er politisch wohl kaum überleben. Wenn er aber mitspielt, und die Anwendung dann chronisch instabil läuft, sind seine Tage vermutlich auch gezählt. Und mit den Leuten von Balios lässt sich noch weniger reden. Die sind ja sowas von arrogant. Die halten ihr Produkt für „top of the creep" (depperte Anglizismenumsichwerfer!) und behandelten ihn, als wäre er eine verstaubte Mumie aus dem Museum.

Die Haltung der beiden Führungskräfte von Balios und Rheia kann man - jede für sich - gut nachvollziehen. In ihrem Aufeinandertreffen entsteht ein ebenso nachvollziehbarer Konflikt: Aus Sicht eines Innovation Hubs können Abläufe in großen Rechenzentren fast schon kafkaesk erscheinen. Alles dauert gefühlt ewig und folgt seltsamen Regeln, denen man sich ausgeliefert fühlt. Umgekehrt haben gestandene RechenzentrumsmitarbeiterInnen schon erlebt, was für ein Feuer unterm Dach ist, wenn eine kritische Anwendung aufgrund technischer Probleme nicht verfügbar ist. Oder gar gehackt wird. Aus ihrer Sicht sind die Entwürfe des Innovation Hubs unreife Äpfel. Nette Prototypen, die man erst mal solide neuentwickeln müsste, bevor sie in Betrieb gehen können. Den beiden Seiten fehlt eine gemeinsame Sprache. Ein fertiges Produkt ist für Balios etwas völlig anderes als für Rheia. Vereinbarungen haben bei beiden einen unterschiedlichen Grad an zeitlicher und inhaltlicher Verbindlichkeit. Die Art, wie kommuniziert wird, ist auf der einen Seite stark personenorientiert, auf der anderen Seite geht es um Rollen, Funktionen, Rangabzeichen. Man könnte also sagen, die Kommunikation zwischen beiden Seiten ist strukturell gut darauf ausgelegt nicht zu funktionieren. Das wirkt so, als würde man Vulkanier und Klingonen zum Tanz bitten, und sich wundern, wenn das nicht so recht harmonisch vonstatten geht.

Wenig verwunderlich scheint daher, dass aus einer Untersuchung deutscher Innovation Hubs (Sauberschwarz, 2018) hervorgeht, dass diese kaum zu profitablen Produkten beim Mutterkonzern führen. Es gab viele nette Ideen, sogar solche mit Marktpotenzial. Aber keine, die auch die spezifischen Assets des Mutterkonzerns nutzen und mit dessen Prozessen und Arbeitsweisen profitabel produzierbar sind.

Wie aber intergiert man nun Exploitation und Exploration erfolgreich? Wie hätte die Innovation von Balios die Kurve in Richtung Produktreife bekommen können? Eine Falle, in die man an dieser Stelle leicht stolpern könnte, wäre, einen Kompromiss zwischen beidem anzustreben: eine Firma, die ein Zwischending zwischen Startup und Konzern darstellt. Eine Art hochskaliertes Startup-Riesenbaby, oder ein Konzern, der jetzt mal auf innovativ macht. O'Reilly und Tushman nennen dies „stuck in the middle syndrom" (O'Reilly, 2007). Ihrer Forschung zufolge geht das meistens schief.

Was also bleibt, ist zwischen den Betriebsmodi Exploitation und Exploration zu trennen und sie zugleich wieder in einer Organisation zu vereinen. Dazu haben sich in der Praxis mehrere Organisationsformen herauskristallisiert.

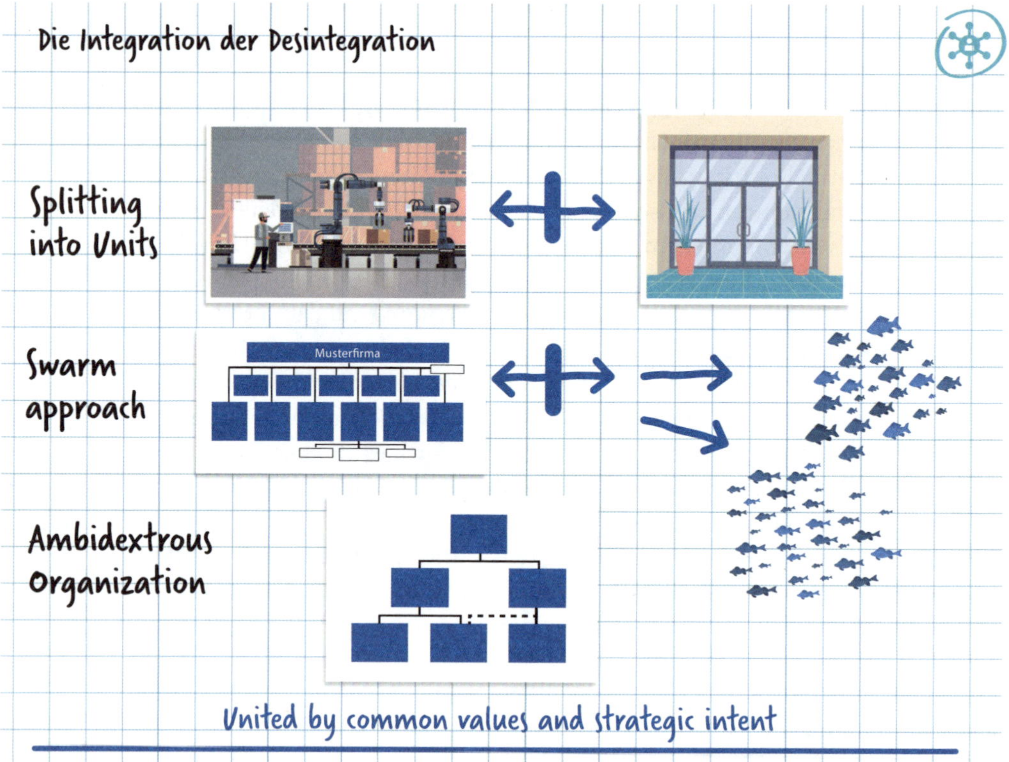

Abbildung 16: Ansätze, um Exploitation und Exploration zu integrieren

Splitting: Das Trennen von Exploitation und Exploration in eigenständige Einheiten entspricht der Idee des Innovation Hubs. Hier wird typischerweise eine eigenständige Firma in separatem Umfeld gegründet, der hippe Laden in Berlin, Wien oder wo auch immer.

Schwarm-Ansatz: Schwärme hingegen sind temporäre Organisationsformen, bei denen die MitarbeiterInnen aus dem Stammunternehmen kommen, um eine Zeitlang an einem Innovationsthema zu arbeiten.

Beide Formen werden auch als „strukturelle Ambidextrie“ bezeichnet, da sie die Ambidextrie durch klare strukturelle Trennung zwischen Exploitation und Exploration umsetzen. Als strukturierendes Element kann man den „Container“ von Glenda Eoyang verstehen: Die eigene Firma oder der temporäre eigene (Gestaltungs-)Raum für Schwärme, schaffen einen Rahmen für selbstorganisiertes Arbeiten.

Ambidextre Organisation: Weniger klar ist der Fall, wenn man beide Betriebsmodi in einer Organisation integriert, einer sogenannten ambidextren Organisation. Hier ist die Trennung strukturell oft weniger deutlich. U.U. kommt es hier zu einer sogenannten kontextuellen Ambidextrie. Innerhalb einer Organisationseinheit wird je nach Kontext entschieden, ob gerade eher exploitativ oder explorativ gearbeitet wird. Bspw. in einer Marketingagentur, in der MitarbeiterInnen einen Teil ihrer Arbeitszeit Standardprodukte abwickeln und einen anderen Teil ihrer Zeit nutzen, um neue coole Ideen für Kunden entwickeln.

Alle diese Organisationsformen haben Vor- und Nachteile. Wie immer wird der Kontext des Unternehmens den Ausschlag geben, welche besser passt. Was aber macht den Unterschied, wie gut solche Konstruktionen funktionieren? Schlüssel dazu, kann man aufbauend auf O'Reilly und Tushman argumentieren, liegen in den folgenden Faktoren:

- Die strukturelle Kopplung zwischen Exploitations- und Explorationseinheiten: Welche Rituale des Austausches gibt es? Kommen die MitarbeiterInnen aus dem gleichen Konzern und haben eine gemeinsame Sprache und Kultur? Oder haben sie keine gemeinsame Geschichte?
- Ein guter Grund, dass sich die beiden Einheiten zusammenraufen: ein verbindendes Element wie eine anspruchsvolle Zielsetzung, die nur gemeinsam erreicht werden kann.
- Eine „beidhändige“ Führung, also eine Führung, die die Unterschiede zwischen Exploitation und Exploration versteht. Wenn die Führungskräfte ein Verstehen der Notwendigkeit der jeweils anderen Seite vorleben, hat das Vorbildwirkung. Das kann ein guter Schritt in Richtung wechselseitiger Bereicherung sein.

Das funktioniert dann wie bei Star Trek: Dort dienen Klingonen und Vulkanier in derselben Sternenflotte. Sie leben „unity in diversity“: Unterschiedlichkeit der Kulturen, die man akzeptiert, stellenweise sogar schätzt, in jedem Fall aber als notwendig erachtet, um die gemeinsame Vision zu erreichen.

Dazu die Einladung zu einem Gedankenexperiment: Was würde im Zusammenspiel zwischen Balios und Rheia anders laufen, wenn sie

1. ein erklärtes gemeinsames Ziel hätten, z.B. eine coole neue und zugleich betriebsreife neue Anwendung zu kreieren,
2. gemeinsame Prinzipien und Grundannahmen vereinbarten, nach denen gearbeitet wird, z.B. das Verständnis, dass beide Seiten in ihrer Unterschiedlichkeit notwendig zur Zielerreichung sind,
3. eine Führung hätten, die die Organisationen in diesen Unterschiedlichkeiten versteht und würdigt?

Der Balanceakt dabei bleibt, eine ausreichend gemeinsame und hinreichend unterschiedliche Kommunikation in und zwischen den beiden Welten zu etablieren. Nur in dem Maß, in dem die Explorationseinheiten unterschiedlich genug arbeiten dürfen, kann man sich von ihnen echte Innovationen erwarten. Und nur in dem Maße, in dem sie ähnlich genug wie das Mutterschiff kommunizieren, kann man erwarten, dass ihre Signale auch verwertet werden können.

Eine dynamische Balance

Diese Balance darf nicht statisch sein: Sie wird sich ändernden Umweltbedingungen anpassen müssen, will das Unternehmen langfristig erfolgreich sein. Das Ausmaß, wie auch die Art, wie Exploration betrieben wird, wird sich mit der Zeit kontinuierlich ändern müssen. Das ist ein bisschen so, als würde man auf einem Wackelbrett stehen: Um im Gleichgewicht zu bleiben, braucht es laufend kleine Anpassungsbewegungen.

Das führt zu dem, was O'Reilly und Tushman „dynamic capabilities" nennen – salopp formuliert, die Anpassungsfähigkeit von Unternehmen an sich ändernde Umweltbedingungen. Eine Fähigkeit, die in einer Phase der industriellen Revolution besondere Bedeutung bekommt.

Wenn man Agilität im Sinne der „dynamic capabilities" weiterdenkt, dann kann ein statisches Modell eigentlich nur so etwas wie einen Übergangszustand einer Organisation beschreiben. Jeder Ansatz, sei es skaliertes Scrum, Kanban Flight Levels oder Holacracy, kann wertvolle Anregungen liefern, wie man bestimmte Fragen Stand heute beantworten könnte: z.B. wie man die Planung über mehrere Teams hinweg organisiert. Morgen findet man darauf vielleicht schon eine bessere Antwort. Agilität nach diesem Verständnis ist die Adaptivität einer Organisation, also die Fähigkeit, immer wieder eine passende Form zu finden, und nicht darin, eine bestimmte Organisationsform, (z.B. diejenige, die gerade als besonders hip gilt) möglichst akkurat umzusetzen. Das passt zu dem Verständnis von Agilität, das Bart Schlatmann (bis 2017 COO von ING), in einem Interview formuliert: „Agility is about flexibility and the ability of an organization to rapidly adapt and steer itself in a new direction" (Mahadevan, 2017).

Der Mythos vom Spotify-Modell

Abbildung 17 stammt aus einem Imagevideo von Spotify und zeigt eine Struktur von Spotify, die heute vermutlich anders aussieht. Das Video, das Spotify für die Außendarstellung der eigenen Arbeitsweise („spotify engineering culture") erstellt hat, fand eine starke Verbreitung. Immer wieder trifft man Unternehmen, die meinen, sich nach dem Spotify-Modell aufstellen zu müssen. Was aber ist das Spotify-Modell? Ein Template für eine Aufbauorganisation ist es jedenfalls nicht: Erstens ist es kein Modell, das allgemeine Anwendbarkeit anstrebt, sondern das Abbild einer konkreten Organisation.[10] Zweitens handelt es sich um die Außendarstellung eines Unternehmens: Es zeigt, wie Spotify gern gesehen werden möchte (und das ist auch wirklich beeindruckend!). Es ist also so etwas wie das Schaufenster einer Firma, aber kein erprobtes Modell, das vielseitig anwendbar ist. Und drittens beschreibt es, wie der Name des Videos schon sagt, die Kultur, nicht die Struktur des Unternehmens.

Natürlich kann man das Bild, das Spotify hier zeichnet, trotzdem als Vorbild ansehen, als eine schöne Vision des miteinander Arbeitens. In der Folge stellt sich die Frage, was sich davon für das eigene Unternehmen übernehmen lässt. Die Struktur ist es also wohl nicht. Wir kennen sie im Übrigen auch gar nicht,

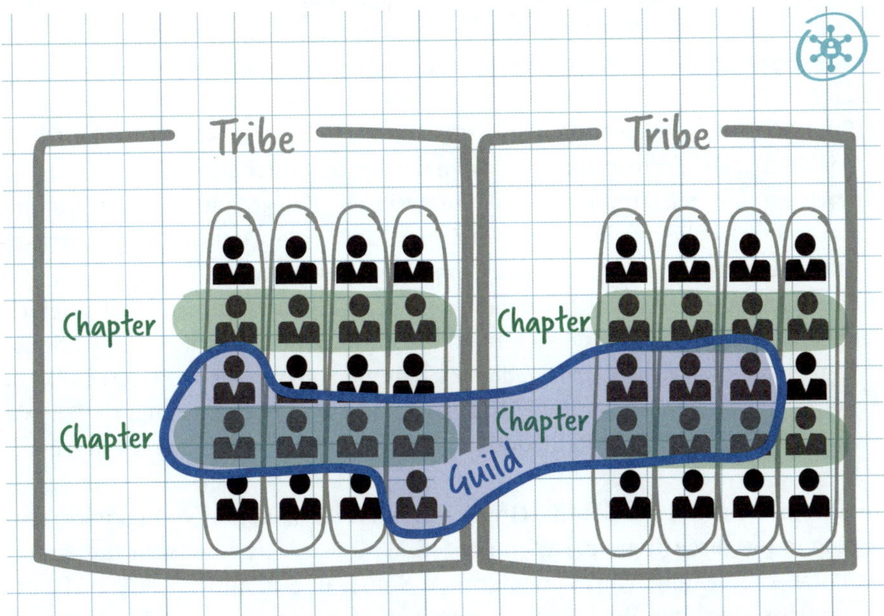

Abbildung 17: Die Spotify-Struktur vor etwa 6 Jahren (Spotify, 2014)

10 Jeff Sutherland, einer der beiden Scrum-Gründer, hat seine Erfahrung aus der Zusammenarbeit mit Spotify in sein Modell zur Skalierung von Scrum (Scrum@Scale) eingebaut.

denn, so sagt Spotify selber, die ist höchst fluide, und inzwischen wahrscheinlich ganz anders als in diesem Video dargestellt. Die eigene Organisation in Tribes, Squads, Chapters und Guilds zu gliedern, führt noch nicht zu einer agilen Organisation. Aber in diese Falle werden aufmerksame LeserInnen nach Lektüre der vorangegangenen Kapitel auch keinesfalls mehr stolpern!

Stattdessen könnte man genau diese Fluidität der Struktur in den Blick nehmen, und sich fragen, wodurch sie in einem solchen Maß ermöglicht wird. Spotify gibt dazu selbst etliche konkrete Hinweise:

- Struktur wird quer durch das Video als etwas nicht Statisches angesehen. Schon die handgezeichneten Striche schauen nicht gerade aus, als wären sie für die Ewigkeit gemacht. Zudem wird der fröhliche Sprecher nicht müde zu betonen, dass die Struktur, die man gerade gesehen hat, von Team zu Team unterschiedlich und im Übrigen mittlerweile schon wieder ganz anders sein könnte. Offensichtlich wird ein ausreichendes Maß an Gefühl von Stabilität und Zugehörigkeit bei den MitarbeiterInnen auf andere Weise geschaffen – und damit die Kohärenz der Organisation erhalten.
- Respektvolles Ignorieren von Territorialansprüchen: So gibt es z.B. keine Code-Hoheit im klassischen Sinne, ein Team kann den Software-Quellcode eines anderen Teams weiterentwickeln, wenn dieses keine Zeit hat. Es wird aber respektvoll angeklopft, bevor man den Fuß in das fremde Software-Terrain setzt.
- Eine Führung, die sich als alles Mögliche versteht, aber kaum als die Chefs der Teams: Die Führungskräfte fragen bei den MitarbeiterInnen nach, was sie noch tun können, um die Zufriedenheit in der Belegschaft von sehr gut auf noch besser heben zu können. Wenn man nach einer Definition von „servant leadership" sucht, wird man kaum eine bessere finden.
- Eine humorvolle Art der Selbstreflexion zu kultivieren, und sie mit spielerischer Leichtigkeit in Szene zu setzen, wie dieses Video eindrucksvoll demonstriert (eine Skala von Darth Vader bis Balu dem Bären als Maßstab dafür zu nehmen, wie partizipativ die Führung ist, muss einem erst einmal einfallen!). Auf diese Weise könnte Reflexion ja noch anfangen richtig Spaß zu machen.

In Summe erinnert die Spotify-Organisation an die kooperative Eigenermächtigung in fortgeschrittenen Stufen des Spiral Models. Mit einer sehr hohen Adaptivität – also Agilität im vorgenannten Sinne, und damit der Fähigkeit, die Spannungsfelder der Organisation nach Bedarf immer wieder schnell neu zu balancieren. Die Struktur verliert als Stabilitätsanker an Bedeutung: Die informelle Kooperation der MitarbeiterInnen funktioniert auch in wechselnden Teamzusammensetzungen unter wechselnden Strukturen.

Darin steckt vieles, wodurch man sich inspirieren lassen kann. Dabei scheint es wichtig, auch hier den Kontext im Blick zu behalten. Die Spotify-Organisation hat sich aus einem schnell wachsenden Startup entwickelt. D.h. es war praktisch unmöglich, eine stabile Teamzusammensetzung und Organisationsform zu wahren. Wenn man sich innerhalb kurzer Zeit verdoppelt, geht sich das schlicht nicht aus. Der Evolutionsdruck der Organisation war also hoch, ständig anpassungsfähig zu bleiben - sowohl für die Organisation als auch für die MitarbeiterInnen.

Verführerische Fallen auf der Suche nach der besten agilen Organisationsform:

- Eine gute Falle könnte sein, das visionäre Beispiel einer anderen Firma einfach auf das eigene Unternehmen übertragen zu wollen. Was bei Spotify oder Buurtzorg so hervorragend funktioniert, muss doch auch bei uns funktionieren! Übertragbar sind aber bestenfalls die Organisationsstrukturen. Die agile Kultur lässt sich nicht so einfach kopieren.
- Ein hohes Potenzial zu scheitern liegt auch in dem Versuch, mehrere Evolutionsschritte einer Organisation auf einmal nehmen zu wollen, z.B. von einer klassischen Konzernhierarchie direkt in eine holokratische Form autonomer Selbstführung übergehen zu wollen.
- Eine fortgeschrittene Form zu scheitern kann man darin finden, eine agilere Form der Zusammenarbeit gleichermaßen für den ganzen Konzern anzustreben. Denn es mag zwar sein, dass es grundlegende Elemente der Agilität gibt, die für die ganze Organisation Sinn machen. Aber es gibt auch große Unterschiede. So braucht Innovation (exploration) eine ganz andere Organisationsform als der bestehende Betrieb (exploitation). In ersten Fall wird Agilität eine ganz andere Rolle spielen als im zweiten.
- Auch hier lauert eine effektive Falle, als Führung einfach bei den bewährten Denkstrukturen zu bleiben. Denn in Organisationen, die sowohl innovativ als auch kurzfristig profitabel sein wollen, erhöht sich der Komplexität der Führungsarbeit. Wenn man dem Gedanken der Agilität folgen will, dann empfiehlt es sich, Führung neu zu denken und breiter aufzustellen. Denkanstöße zu Haltung („Die Ambiguität – dein ärgster Freund“) oder Information und Steuerung („cross-communicate“) liefern die vorhergehenden Kapitel.

Wege, um bei diesen Fallen intelligenter zu scheitern:

- Wertvolle Ressourcen liegen im Konzept ambidextrer Organisationen und dem Tetralemma als einem praktikablen Werkzeug, um zu konkreten Lösungen auch für dieses Spannungsfeld zu kommen.
- Der Fokus auf „dynamic capabilities“ kann einen daran erinnern, wie wenig statisch all diese Lösungen sind. Agilität kann man auch als das Gegenteil von Struktur verstehen: als ständiges Neu-Balancieren der guten alten Spannungsfelder, je nachdem, wie es das Unternehmensumfeld gerade erfordert.

Ausblick

It's better to regret the things that you did than the things you didn't do.

Red Hot Chili Peppers

Wenn man den Schleier des Hypes um agile Organisationen ein wenig lüftet, zeigen sich gut dokumentierte glorreiche Erfolge und weniger bekannte, aber mindestens ebenso lehrreiche Niederlagen. Was aber macht den Unterschied zwischen Erfolg oder Niederlage? Und woran können Sie erkennen, was Agilität in Ihrer Organisation bewirken könnte?

Wenn man eine Organisation als komplexes soziales System versteht, kann man in tiefer Entspanntheit sagen: Das wird wohl niemand wissen, bevor man es nicht ausprobiert. Es gibt gewisse Kontextfaktoren wie Kundennähe, Volatilität des Marktes oder die Aufgeschlossenheit der Belegschaft, die eine agile Transformation mehr oder weniger vielversprechend erscheinen lassen. Eine Standortbestimmung und erste Hypothesen, wo Agilität Sinn macht, lassen sich für jede Organisation ex ante treffen. Aber das war's auch schon. Tatsächlich herausfinden lässt sich das über Trial and Error, also am besten agil, indem man ausprobiert unter welchen Rahmenbedingungen welche agilen Ansätze Verbesserungen bringen. Die Vielfalt der Möglichkeiten kann man gut durch klassische Strategiearbeit einschränken: Was wird vermutlich in 3, 5 oder 7 Jahren für unser Unternehmen anders sein? Was müssen wir heute ändern, um dafür fit zu werden? Welche Elemente aus der agilen Schatzkiste könnten uns dabei helfen? Und was wollen wir von unserer bewährten Arbeitsweise erhalten? Wenn man um dieses auf Trial and Error basierte Lernen eine einfache, gute Informationsarchitektur strickt, dann ist eine schöne Lern- und damit Entwicklungschance für die Organisation gegeben. Und wenn die Veränderung der Haltung der Führung mit der Veränderung der Organisation Schritt hält, dann ist es fast unvermeidlich, wertvolle Erkenntnisse für die Zukunft daraus zu gewinnen, welche Organisationsansätze eine Verbesserung darstellen und welche man lieber heute als morgen verwirft.

Es ist bemerkenswert, zu welch unterschiedlichen agilen Ansätzen Organisationen kommen, wie diese Beispiele zeigen:

- Produktteams, die alle wichtigen Skills und Ressourcen haben, um ein Produkt vom Kundenwunsch bis zur Auslieferung abzudecken- und die mithilfe von Scrum viel schneller und kundengerechter liefern können.
- Temporäre crossfunktionale Teams, die Aufgaben in kurzer Zeit lösen, die über den klassischen Weg der Linienorganisation viel länger gebraucht hätten - oder ganz versandet wären.
- Entscheidungskreise, die an neuralgischen Stellen der Organisation auf ganz neue Weise Entscheidungen für kontroverse Sachverhalte treffen. Und zwar so, dass diese dann auch von der Organisation getragen werden: z.B. im Projektportfoliomanagement, also der Priorisierung von Projekten, die als Team von ExpertInnen aus der Organisation im Konsentverfahren (Oestereich, 2017) einstimmig getroffen werden.
- Verteilte Teams, die es mit Kanban und den damit verbundenen Ritualen schaffen, besser in Kontakt zu bleiben und zusammenzuarbeiten.
- Mehr Reflexion und Lernen auf allen Ebenen. Am besten mit einem guten Schuss Mitgefühl und Humor.

Was alle diese Beispiele gemeinsam haben: sie zielen nicht darauf ab, eine Organisation pauschal auf einen neuen Modus oder eine neue Organisationsform umzustellen. Es sind vielmehr Anwendungsmöglichkeiten, die von verschiedenen Unternehmen ausprobiert wurden und sich für konkrete Einsatzbereiche bewährt haben. Sie verändern eine Organisation selektiv dort, wo es für sie nützlich ist.

Viele Türen führen zu Erkenntnis

Jeder Veränderungsprozess kann am Anfang überwältigend wirken. Erfreulicherweise gibt es viele gute Einstiegstore für einen ersten Schritt in diesen Veränderungsprozess:

- Selbsterfahrung - einfach mal agiles Arbeiten in einem geschützten Rahmen ausprobieren, z.B. in Workshops mit Simulationen agilen Arbeitens, mithilfe von Lego4Scrum (Krivitsky, 2017), dem Kanban Pizza Game (Agile42, 2020), oder durch Hospitieren bei agilen Teams.
- Reflexion der eigenen Führung durch Bottom-up-Feedback: Wie kommt meine Führung bei meinen Mitarbeitern an? Was könnte ich ändern, damit sie mehr Eigenverantwortung übernehmen können? Was könnte zu mehr Selbstorganisation der Teams führen?
- Agile Pilotprojekte starten, in Verbindung mit ständigem Austausch zwischen Führung und MitarbeiterInnen bzgl. der Erfahrung aus diesen Piloten.
- Viele gute Erfahrungsberichte in Form von Büchern oder Videos (einige sind in diesem Buch referenziert), durch die man sich inspirieren lassen kann.

- Das agile Manifest in der Führungsmannschaft diskutieren und sich fragen: „Mal angenommen, wir würden ab jetzt komplett agil arbeiten und diesen Prinzipien folgen- was würden wir dann nicht mehr tun?"
- Und vieles mehr...

Vom intelligenten Scheitern

Es gibt also vieles, das auszuprobieren sich lohnen könnte. Vielleicht ist es dabei gar nicht so entscheidend, *was* man davon als erstes probiert. Die eigentlich Musterunterbrechung könnte darin liegen, *wie* man diese Veränderung organisiert. Was sollte auch in der Organisation anders werden, wenn die gewohnte Führungsriege in gewohnter Weise Entscheidungen trifft? Agilität liegt stark in der Kultur einer Organisation, und die kann nicht verordnet werden. Im *wie* hingegen liegen kraftvolle Möglichkeiten der Musterunterbrechung, und in der Folge des Etablierens neuer Muster der Zusammenarbeit. Orientierung können die in diesem Buch vorgestellten Prinzipien bieten, die auf den Überlegungen vieler kluger Köpfe aufbauen:

Start with why: Zu Beginn der Veränderung wird der Zweck geklärt: Wozu brauchen wir dringend Veränderung? Wie nachvollziehbar ist die Begründung für die Belegschaft? Spiegelt sich der Wille zur Veränderung in den Zielen der Führungskräfte und MitarbeiterInnen der Organisation wider?

Manage the context of teams: Ein Kern von Agilität liegt in der Selbstorganisation. Und die funktioniert paradoxerweise nicht von selbst. Wie zuvor vorgestellt, braucht jedes Team einen passenden Rahmen, um zunehmend selbstorganisiert arbeiten zu können. Dieser Rahmen („container") ist ein machtvolles Steuerungsinstrument, über den sich auch die neuen Freiheitsgrade der Teams regeln lassen. Dabei liegt man eingangs im Allgemeinen immer falsch. Wie soll man auch vorhersehen, wie viel Freiheit die Teams im nächsten Schritt brauchen und verkraften können? Es braucht also eine definierte Führungsfunktion, die sich darum kümmert, diesen Rahmen bewusst zu wählen und nach Bedarf laufend anzupassen. Z.B. in Form einer neuen, zentralen Aufgabe des mittleren Managements.

Cross-communicate: Auch in der Frage, wie die Kommunikation zwischen MitarbeiterInnen und Führung organisiert wird, liegt ordentlich Veränderungsschmalz. Welche Komplexitätsreduktion erfolgt in der Art wie wir kommunizieren, was wird also systematisch ausgeblendet? Erfolgt die Kommunikation entlang der Hierarchielinien? Oder lässt sie mehr Unterschiedlichkeit der Sichtweisen und damit auch mehr Reibung zu? Einen Ansatz dazu liefert das auf Seite 28 vorgestellte Framework. Es fördert die Kommunikation zwischen Multiplikatoren (KeyplayerInnen) quer durch die Organisation stärker als es klassische Linienhierarchien tun.

Diese Leitlinien bei einer agilen Reise zu beachten, wird sicher nicht dazu führen, dass nichts mehr schiefgeht. Ganz im Gegenteil: Es gibt jede Menge Gelegenheiten, schnell und ausgiebig Fehler zu machen. Wenn man eine agile Reise als ein exploratives Unterfangen in einem komplexen sozialen System versteht, dann ist das auch unvermeidlich. Der Unterschied kann darin liegen, ob und wie man aus dem Scheitern lernt, und ob dieses Lernen dem Unternehmen nachhaltig etwas bringt, ob also die Experimente in Richtung Unternehmensziele führen.

AAA-Führung

Wenn man sich einmal auf den Weg gemacht hat, wäre ja nichts leichter, als in alte Verhaltensmuster zurückzufallen. Unsicherheit ist die Zwillingsschwester von Veränderung. Die alte Arbeitsweise hat man aufgelöst, die neue funktioniert noch nicht so recht. Zu allem Überfluss gelingt es einem nicht mehr, auf die gewohnte Weise Überblick zu bewahren. Und all das, wo man doch als Führungskraft mit viel Energie und Eloquenz funktionierende Strukturen anstrebt! Man hat also guten Grund unsicher zu sein. Was für eine Versuchung, in einer kritischen Situation einfach mal wieder auf gewohnte Weise für Ordnung zu sorgen. Und damit das zarte Pflänzchen des Vertrauens der Belegschaft in die neue Arbeitsweise mit Füßen zu treten.

Auf dieser Reise können einem drei hilfreiche Wegbegleiter zur Seite stehen: Ambiguität, Ambivalenz und Adaptivität. Ambiguität und Ambivalenz sind natürliche Eigenschaften komplexer sozialer Systeme. Warum ernennt man sie also nicht gleich zu vertrauten Begleitern? Man wird sie ohnehin nicht los! Und Adaptivität ist eine vorzügliche Ressource, um mit Komplexität umzugehen. Wann immer man als Führungskraft das Gefühl hat, in einer unklaren Situation durchgreifen zu müssen, kann man sich gedanklich mit diesen Wegbegleitern hinsetzen, gemütlich einen Tee trinken und die Unsicherheit einfach mal aushalten. Dabei betrachtet man in Ruhe, was innerhalb des Rahmens, den man (mit-)geschaffen hat, so alles passiert. Und wartet ab, zu welchen neuen Perspektiven und Handlungsmöglichkeiten das führen könnte. Wie ein Gärtner, der einen Blick auf den schönen Garten wirft, den er versorgt, mit all seinen vielfältigen Lebensformen darin.

Glossar

Ein kurzes agiles Glossar

agil:
bedeutet laut Duden „von großer Beweglichkeit zeugend, regsam und wendig".
Lässt sich im Kontext des agilen Arbeitens am ehesten über das agile Manifest annähern, das 2001 von den früheren Vertretern dieser damals neuen Bewegung verfasst wurde. Diese nahm ihren Anfang in der Softwareentwicklung. Entsprechend sind die Prinzipien verfasst, lassen sich aber durchaus verallgemeinern. Die wichtigsten agilen Prinzipien sind:

- Individuals and interactions over
  processes and tools
- Working software over
  comprehensive documentation
- Customer collaboration over
  contract negotiation
- Responding to change over
  following a plan

Scrum:
ein Ansatz um mit einem Team Produkte iterativ (weiter) zu entwickeln. „Produkt" kann dabei ziemlich weit gefasst sein: viele Scrum Teams entwickeln Software, aber es gibt auch Marketing-, Strategie-, oder Forschungsteams, die mit Scrum arbeiten.

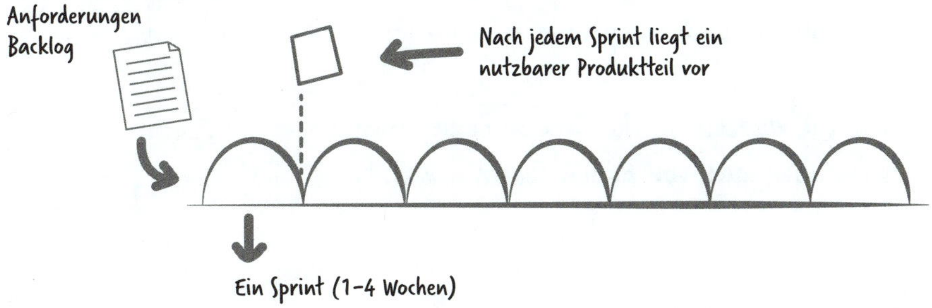

Rollen in Scrum:

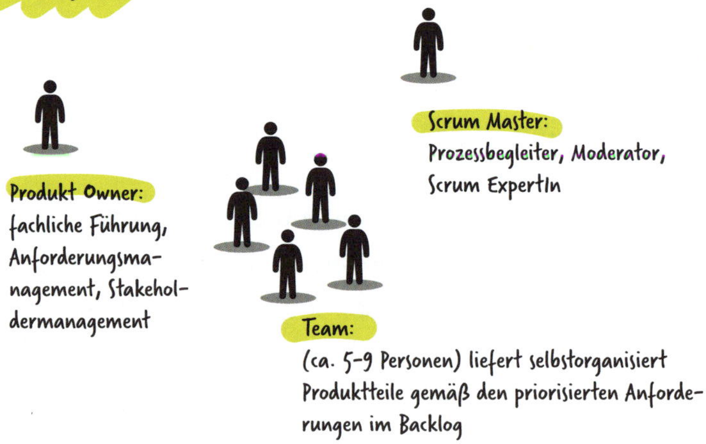

Skaliertes Scrum:

Ansätze um Scrum bei großen Produkt(-gruppen) mit vielen Teams nutzen zu können. Zum Beispiel:

Scaled Agile Framework (SAFe):
kombiniert Scrum, Kanban und konventionelles Release- und Projektportfoliomanagement.

Large Scale Scrum (LeSS):
setzt den Gedanken von Scrum und dem agilen Manifest sehr konsequent und puristisch für viele Teams um.

Kanban:

generische Methode, um mit Hilfe von Kanban Boards Workflows aller Art zu visualisieren und zu optimieren.

Hat die Wurzeln stärker in den Lean Ansätzen, wird aber auch von agilen Teams genutzt.

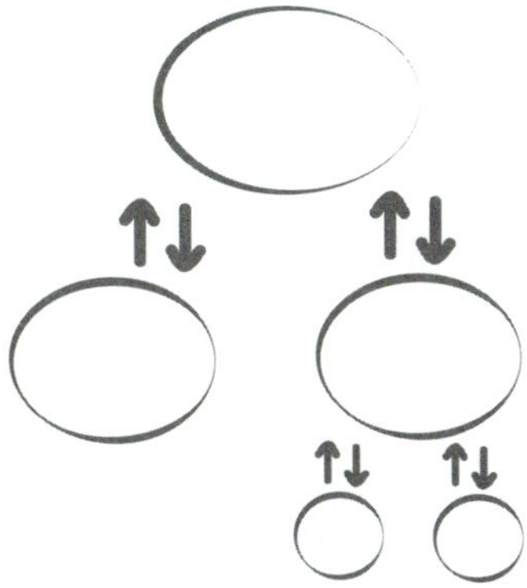

Soziokratie (soziokratische Kreisorganisation):
Die Soziokratie organisiert sich in sogenannten Kreisen. Diese werden im Unterschied zur klassischen Hierarchie durch gewählte RepräsentantInnen in den jeweiligen Ober- und Unterkreisen vertreten. Mitglieder in Kreisen entscheiden gleichberechtigt. Die Grundlagen der Soziokratie gehen auf den Pädagogen Kees Boeke in den 1940er Jahren zurück.

Holocracy (Holokratie):
Weiterentwicklung der Soziokratie mit stärkerem Bezug zu Unternehmen durch Brian Robertson (der die Quelle der Soziokratie allerdings nicht benannte). Neben dem soziokratischen Konzept eine Organisation in miteinander verbundene Kreise zu zerlegen, fließen auch agile Ansätze ein. Ähnlich wie die Soziokratie erlaubt Holacracy den Kreisen einstimmig zu entscheiden. Dazu gibt es als Entscheidungsverfahren das „integrative decision making" mit dem iterativ eine Entscheidung gesucht wird, die alle tragen.

Literatur

Agile42, 2020, Kanban Pizza Game,
https://www.agile42.com/en/training/kanban-pizza-game/

Agiles Manifest, 2001, https://agilemanifesto.org

Anderson, David J., 2010, Kanban: Successful Evolutionary Change for Your Technology Business, Blue Hole Press

Bareck, Karin, und Spielhofer, Thomas, 2016, okhíyA – das Zusammenarbeitsspiel, https://www.okhiya.consulting

Bateson, Gregory, 1972, Steps to an Ecology of Mind, The University of Chicago Press

Cohn, Mike, 2005, Agile Estimation and Planning, Prentice Hall

Cohn, Mike, 2010, Succeeding with Agile: Software Development Using Scrum, Addison-Wesley

Denning, Stephen, 2010, The Leader's Guide to Radical Management: Reinventing the Workplace for the 21st Century, Jossey-Bass

Denning, Stephen, 2018, The Age of Agile: How Smart Companies Are Transforming the Way Work Gets Done, American Management Association

De Shazer, Steve, 1991, Putting Difference to Work, W.W. Norton & Company, Inc.

Eoyang, Glenda H., 2016, CDE Model, Human Systems Dynamics Institute,
http://www.hsdinstitute.org/assets/documents/5.1.1.3.cde-30apr16.pdf

Fowler, Martin, 2003, Canadian Workshop on Scaling XP/Agile Methods,
https://www.martinfowler.com/articles/canScaling.html#MartinFowler

Friedman, Thomas L. und Mandelbaum, Michael, 2012, That Used to Be Us: How America Fell Behind in the World It Invented and How We Can Come Back, Picador

Grinnell, George Bird, 1923, The Cheyenne Indians, Volume 1: History and Society, Yale University Press

Groth, Torsten et al. 2017, Zwei Prinzipien und drei Ebenen der Intervention, Working Paper, Simon, Weber & Friends

Groth, Torsten, 2019, Umgang mit Komplexität, LEA-Podcast, https://lea-podcast.podigee.io/7-komplexitaet

Heitger, Barbara und Doujak, Alexander, 2014 Harte Schnitte Neues Wachstum. Wandel in volatilen Zeiten. Die Macht der Zahlen und die Logik der Gefühle im Change Management mi-Wirtschaftsbuch, Redline Verlag

Huizinga, Johan, 1938, (24. Auflage, 2015), Homo Ludens. Vom Ursprung der Kultur im Spiel, Rowohlt Taschenbuch Verlag

Jackson, J., 1905, Ambidexterity, or, Two-Handedness and Two-Brainedness. Biblolife

Kaltenecker, Siegfried et al., 2011, Erfolgreiche Führung in der Agilen Welt, Eine Studie der PAM – Plattform for Agile Management

Kotter, John P., 2020, 8-Setp Process, https://www.kotterinc.com/8-steps-process-for-leading-change/

Königswieser, Roswita und Hillebrand, Martin, 2004, Einführung in die systemische Organisationsberatung, Carl-Auer Verlag

Königswieser, Roswita und Exner, Alexander, 2008, Systemische Intervention: Architekturen und Designs für Berater und Veränderungsmanager, Schäffer/Poeschel

Krivitsky, Alexey, 2017, lego4scrum. Third complete edition. One of the most interactive ways of introducing Agile thinking and Scrum framework, Leanpub

Lackner, Hubert, 2017, HRM im Zentrum ambidextrer Lernfähigkeit, Dissertation an der Johannes-Kepler-Universität Linz

Lackner Hubert, Spielhofer, Thomas und Bareck, Karin, 2019, Organisationen spielerisch verändern, In: Austrian Management Review 9

Laloux, Frédéric, 2014, Reinventing Organizations: A Guide to Creating Organizations Inspired by the Next Stage of Human Consciousness, Vahlen

Larman, Craig und Vodde, Bas, 2016, Large-Scale Scrum More with LeSS, Addison-Wesley

Luhmann, Niklas, 2011: Organisation und Entscheidung, 3. Auflage, VS Verlag.

Mahadevan, Deepak, 2017, ING's agile transformation, Interview mit Peter Jacobs und Bart Schlatmann, McKinsey Quarterly, https://www.mckinsey.com/industries/financial-services/our-insights/ings-agile-transformation

March, James G., 2016, Zwei Seiten der Erfahrung: Wie Organisationen intelligenter werden können, Carl-Auer Verlag

Marquet, David L., 2013, Turn the Ship around. A True Story of Turning Followers into Leaders, Portfolio Penguin

Mathis, Christoph, 2016, SAFe, Das Scaled Agile Framework: Lean und Agile in großen Unternehmen skalieren., dpunkt Verlag

Mayer, Tobias, 2013, The People's Scrum. Agile Ideas for Revolutionary Transformation, Dymaxicon, San Francisco

Oestereich, Bernd und Schröder, Claudia, 2017, Das kollegial geführte Unternehmen: Ideen und Praktiken für die agile Organisation von morgen, Vahlen Verlag

O'Reilly III, Charles A. and Tushman, Michael L., 2007, Ambidexterity as a Dynamic Capability: Resolving the Innovator's Dilemma, in: Research in Organizational Behavior 28, 185-206

O'Reilly III, Charles A. and Tushman, Michael L., 2016, Lead and Disrupt. How to Solve the Innovator's Dilemma, Stanford University Press

Rico, David; Sayani, Hasan und Sone, Saya, 2009, The Business Value of Agile Software Methods: Maximizing ROI with Just-In-Time Processes and Documentation, J.Ross Publishing

Robertson, Brian J., 2015, Holacracy: The Revolutionary Management System that Abolishes Hierarchy, Portfolio Penguin

Sauberschwarz, Lucas und Weiß, Lysander, 2018, Das Comeback der Konzerne, Vahlen Verlag

Schulz von Thun, F., 1989: Miteinander reden 2, Reinbek b. Hamburg

Schwaber, Ken, 2007, The Enterprise and Scrum, Microsoft Press

Simon, Fritz B., 1993, Unterschiede, die Unterschiede machen, Suhrkamp Taschenbuch

Simon, Fritz B., 2010, Einführung in die systemische Organisationstheorie, Carl-Auer Verlag

Simon, Fritz B., und Varga von Kibéd, Matthias, 2007, Wieslocher Dialog, Tetralemma, Konstruktivismus und Strukturaufstellungen, DVD, Ferrarimedia

Sinek, Simon, 2014, Frag immer erst: warum. Wie Top-Firmen und Führungskräfte zum Erfolg inspirieren, Redline Verlag

Sliger, Michele und Broderick, Stacia, 2008, The Software Project Manager's Bridge To Agility, Addison-Wesley

Schindler, R., 1957, Soziodynamik der Krankenstation, In: Zeitschrift für Diagnostische Psychologie und Persönlichkeitsforschung, Vol V, Heft 3/4

Schumacher, Thomas und Wimmer, Rudolf, 2019, Der Trend zur hierarchiearmen Organisation, In: Zeitschrift für OrganisationsEntwicklung, Ausgabe 2/2019

Spielhofer, Thomas, 2014, More than LeSS, InfoQ, https://www.infoq.com/articles/more-than-less

Spotify, 2014, Spotify Engineering Culture, Vimeo, https://vimeo.com/85490944

Stiebritz, H., 2007, Die Indianer in Nord-, Mittel- und Südamerika, https://www.indianerwww.de/indian/taenze.htm

Surowiecki, James, 2005, The Wisdom of Crowds, First Anchor Books

Tißler, Jan, 2019, Holacracy in Theorie und Praxis: 7 Unternehmen im Interview, Upload Magazin,
https://upload-magazin.de/blog/32465-holacracy-holakratie/

Varga von Kibéd, Matthias und Sparrer, Insa, 2000, Ganz im Gegenteil. Tetralemmaarbeit und andere Grundformen Systemischer Strukturaufstellungen, Carl-Auer Verlag

Watzlawick, Paul, 1986, Vom Schlechten des Guten oder Hekates Lösungen, Piper Verlag

Wynne, L.C. et al., 1958, Pseudo-Gemeinschaft in den Familienbeziehungen von Schizophrenen, in G. Bateson (Hg.), Schizophrenie und Familie, Suhrkamp

Der Autor

Thomas Spielhofer arbeitet seit 19 Jahren mit agilen Methoden – als Mitarbeiter, Führungskraft und Berater. Als Teil der Y Unternehmensberatung unterstützt er europäische Konzerne und Startups unterschiedlicher Branchen bei deren agilen Transformationen. Er hat zunächst Wirtschaftsinformatik studiert und klassisches Projektmanagement kennengelernt, in den letzten 10 Jahren verbindet er systemisches Denken mit agilen Methoden und Praktiken. Einen Teil seiner Zeit verbringt er mit Forschung zu diesem Thema, außerdem ist er regelmäßiger Vortragender und Autor.